这是一本女人最想送给自己的书

这是一本男人最想送给女人的书

许萌 著

中堂
魅力女性
书系

工作铁娘子，
回家小娘子

中国财富出版社

图书在版编目（CIP）数据

工作铁娘子，回家小娘子／许萌著 . —北京：中国财富出版社，2015.3
（中堂魅力女性书系）
ISBN 978－7－5047－5549－0

Ⅰ.①工…　Ⅱ.①许…　Ⅲ.①女性—成功心理—通俗读物
Ⅳ.①B848.4－49

中国版本图书馆 CIP 数据核字（2015）第 022092 号

策划编辑	黄　华		**责任印制**	方朋远
责任编辑	邢有涛　单元花		**责任校对**	梁　凡

出版发行	中国财富出版社		
社　　址	北京市丰台区南四环西路 188 号 5 区 20 楼	**邮政编码**	100070
电　　话	010－52227568（发行部）	010－52227588 转 307（总编室）	
	010－68589540（读者服务部）	010－52227588 转 305（质检部）	
网　　址	http：//www.cfpress.com.cn		
经　　销	新华书店		
印　　刷	北京京都六环印刷厂		
书　　号	ISBN 978－7－5047－5549－0/B·0425		
开　　本	710mm×1000mm　1/16	**版　　次**	2015 年 3 月第 1 版
印　　张	13.25	**印　　次**	2015 年 3 月第 1 次印刷
字　　数	190 千字	**定　　价**	35.00元

前　言

　　"铁娘子"一样可以千般妩媚、小鸟依人……只要优雅地转身！

　　男女生而不平等！为什么这样说？因为，从出生开始，男女就是有区别的。比如，生孩子、哺乳等都是女人的事儿……生理结构不同，怎么能实现"男女平等"？既然在一出生的时候就有区别，那就意味着永远平等不了。

　　女人就是女人，不管是"铁"的，还是"小"的，都离不开"娘子"两个字，即使是职场上的极品"白骨精"，也永远成不了"他"，更不能将自己当成"他"；否则，悲哀的命运从此就开始了。

　　女人就是女人，完全没有必要为了证实"谁说女子不如男"这句话而不把自己当女人看。那么，究竟什么是"小娘子"？很简单，就是小女人，就是小鸟依人般的女人，回家累了就睡觉，醒了就微笑！谁管孩子，谁做饭，生活怎样，自己放调料！可是，放调料的确是一门艺术。

　　女人是做"铁娘子"，还是做"小娘子"，有时候并不是自己决定的，而是由性格决定的！但至少"铁娘子"可以拒绝成为"男人婆"，拒绝成为"灭绝师太"！

　　女强人不等于没有幸福的婚姻，"铁娘子"也可以千般妩媚、小鸟依人……关键在于如何优雅地转身！这也是女人特有的权力！

　　在经济形势、社会政策与传统家庭文化的多重影响下，作为中国的职业女性之一的我，多年来一直孜孜以求地摸索着如何能够思想独立又能经济独立，如何赢得职场又能赢得情场，如何获得外面的喝彩，又能不失在家里的温暖。因为，我深深地知道，对于昨天，我已无能为力，但当下如何，它将决定着我的今天和明天，甚至是下一代。所以，我努力地睁大眼睛观察着、学习着、体悟着，生怕哪怕只是那么一点点的遗漏……

我终于发现一个女人要想收获渴望的幸福，在工作上就要做铁娘子，回家就要做小娘子。

作　者

2015 年 1 月

上篇　职场白骨精

领导力·· 3

说服力·· 22

判断力·· 26

鉴赏力·· 29

自制力·· 32

整合力·· 38

决断力·· 41

担当力·· 44

中篇　情场狐狸精

长得漂亮是优势，活得漂亮是本事·················· 49

美女，内存不足容易被下岗·························· 55

心若没有栖息的地方，到哪里都是在流浪·········· 59

爱情是一场修行···································· 63

懂，比爱更重要···································· 67

工作，退一步海阔天空；爱情，退一步人去楼空···· 73

靠谱的男人长啥样·································· 76

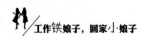

下篇　回家小娘子

每一个妻子都是圣人 ……………………………………………………………… 83

女人悦己，男人悦你 ……………………………………………………………… 94

女人不坏，男人不爱 …………………………………………………………… 109

好老公是被崇拜出来的 ………………………………………………………… 118

不忘初衷，方得始终 …………………………………………………………… 123

亲情，是爱情的最高境界 ……………………………………………………… 133

篇外篇　情感危机

男人总会留在让他笑的女人身边 …………………………………………… 139

上错花轿，可以嫁对郎 ………………………………………………………… 155

矛盾，是再次热恋的开始 ……………………………………………………… 158

不要逼男人撒谎，他会恨你；也不要把他的话当真，你会恨他 ……… 165

痛苦，来自不对称的对比 ……………………………………………………… 168

红杏出墙，是红杏错了还是墙错了 ………………………………………… 174

爱，不是合不合适，而是珍不珍惜 ………………………………………… 181

过错是暂时的遗憾，错过是永远的遗憾 …………………………………… 184

爱情，是一种习惯 ……………………………………………………………… 188

放手快乐 ………………………………………………………………………… 193

在孤独中沉沦，还是在孤独中升华 ………………………………………… 196

婚姻，三重境界 ………………………………………………………………… 198

参考文献 ………………………………………………………………………… 201

后　记 …………………………………………………………………………… 202

职场白骨精

　　白领＋骨干＋精英，即白领身份、公司骨干、社会精英。这样的"白领"，通常都有一定的文凭，知识文化层次较高，衣着光鲜，举止优雅，实力雄厚，能力超群，上进心强，是公司的骨干……白领是成功的门槛，骨干是综合才能的体现，精英是奋斗的目标！

领导力

——领导力是做正确的事儿，女性的领导力是做精准的事儿

1. 被不幸的女强人

如果男人连续两个月不回家吃晚饭，每天都在外面应酬，社会上的反应都是非常宽容的："忙点好啊！这说明他事业发展得好啊……"如果换作是女人，立刻就会出现很多的风言风语："女人每天不回家，小孩都是爸爸带，真可怜！这家的男人真没本事……"难道男人整天不回家，女人一个人带孩子就不可怜了吗？

不知道从什么时候开始，男人悄无声息地写下了商场的规则和标准。虽然妇女的地位已经获得了大幅度的提升，而且很多女人都在各行各业做出了卓越的成绩，可是在这个依然由男人主宰的世界里，女人在职场发展的道路上却被不公平地妖魔化成："工作狂""男人婆""不幸婚姻""女魔头"，就像是《倚天屠龙记》中峨嵋派的第三代掌门"灭绝师太"：既不是男人，也不像女人。

在这种"被不幸的女强人"舆论中，我们既不敢赞美女精英为"女强人"，更拒绝自己被贴上"女强人"的标签。我们拒绝"女强人"这个标

签，以及附着在这个标签上的负面因素，但依然会用全部的热情和智慧在工作中实现自我价值。

女和男相对，既然有了"女强人"，怎么也要有个"男强人"才对，可是与"女强人"对应的那个词"男强人"却奇迹般地从未出现过。原因很简单！自古以来，男人征服世界都被默认是天经地义的事儿，男人是一种野生动物，如果男人是"工作狂""没有家庭""男魔头"，不仅不会受到人们的指责，还会被当作成功和上进的典范，被漂亮的女人所仰慕。

女人是"筑巢动物"，如果男人连续两个月不回家吃晚饭，每天都在外面搞应酬，社会上的反应都是非常宽容的："忙点好啊！这说明他事业发展得好啊……"如果换做是女人，立刻就会出现很多的风言风语："女人每天不回家，小孩都是爸爸带，真可怜！这家的男人真没本事……"奇怪了，如果男人整天不回家，女人一个人带孩子就不可怜了吗？

男人不回家吃晚饭为什么没人说这女人没本事呢？恰恰相反，这时候人们会认为，女人很有本事，因为嫁了一个会挣钱的男人。因此，人们会说："女人，无论长得好，还是干得好，都不如嫁得好！"

2. 中国的"女强人"大多面临情感危机

如果出现"女强人危机"，就要适时地进行自我梳理，重点是要将家里家外的角色做好调整和转换，学会享受小女人的情趣。首先，不做完美主义者。其次，找好每个当下的角色定位。再次，寻找恰当的渠道释放消极的情绪。最后，学会宠爱自己。

2008 年，北京市市委党校女性领导人才规律研究课题组，组织实施了一项"中国女官员群体透视"调查，受到了社会的广泛关注。其中，有关"女强人危机"的相关话题成了人们关注的焦点。调查结果如下图所示：

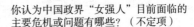

如果你是一名"女强人"，当别人第一次称呼你为"女强人"时，你的感受是？（单项）

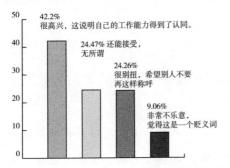

你认为中国政界"女强人"目前面临的主要危机或问题有哪些？（不定项）

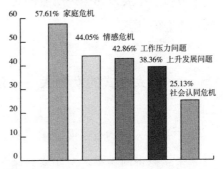

"中国女官员群体透视"调查结果

图表来源：人民网

　　如果出现"女强人危机"，就要适时地进行自我梳理，重点是要将家里家外的角色做好调整和转换，学会享受小女人的情趣。首先，不做完美主义者。其次，找好每个当下的角色定位。再次，寻找恰当的渠道释放消极的情绪。最后，学会宠爱自己。

　　成功的女人，一般都是身心健康的，不管是在家庭生活中，还是在工作中，她们都懂得宠爱自己！可是，如何宠爱自己？这是很多"女精英"所面对的最悲哀、最现实的问题。因为，这个群体已经习惯理性地思维和理性地驾驭自己的情绪了。当然，如果真能很好地驾驭了自己的情绪，也就修炼成精了。

　　其实，在现实生活中，并不是只有"女强人"才会出现婚姻危机，很多全职太太面临的婚姻压力也越来越大，只不过和"女强人"比起来，他们会得到更多的关爱。因为在人们心中，全职太太都是为了家庭和孩子放弃了自己、放弃了原本优越的工作，因此需要给予更多的关爱，因此和"女强人"比较起来，她们的危机问题显得不是那么突出，也会得到更多的谅解。

　　可是，要知道，为了家庭、为了孩子、为了追随自己的伙伴，"女强人""女精英"一直都在奔波，她们付出了大量的时间和精力，千难万险、千辛万苦、千委万屈……所有的这一切都不是普通女人、一般男人所能理解和体会的。

3. 男人婆式的女强人——没有修炼成"精"的"白骨妖"

女人，为什么要让自己这么悲哀？其实只要注意角色的转换，伸手就能得到幸福。对于女人来说，即使是贵为王后，不爱"红装"爱"武装"的妇好，也会在战场之外"对镜贴花黄"。

在这种"被不幸"的意识形态中，职场中的女人从开始的面若桃花，渐渐地面部线条会日渐硬朗起来：她们态度严肃地下达指令，办事雷厉风行；她们对下属严格要求，近乎苛刻；她们绝不允许自己犯错，更不容忍任何错误……

其实，之所以会出现这种状态，主要是因为她还不是修炼成精的"白骨妖"。一旦真正成为修得正果的"白骨精"，女人的真实形象就会成为：在外白骨精，回家狐狸精……果真到了这个级别，那就应该叫"魅绝师太"了，绝对的国宝级人物，比如，杨澜、李亦菲、蔡红军等就是这类人的代表。

卡莉·菲奥莉娜，在惠普首席执行官位置上任职六年，是个不折不扣的"女强人"。在工作的过程中，她曾经进入过真正的男性世界：她会像男人一样大碗喝酒；会挽起袖子，到大农场去打野鹿。结果，卡莉尴尬地离开了。

不可否认，正是这种强硬的性格和男性化的行为作风，才让卡莉·菲奥莉娜走上了事业的巅峰，也让她从巅峰上滑落了。其实，不仅仅是惠普员工，很多人都讨厌那些处处模仿男性作风的女领导。"男性化生存"模式，不仅伤害了女领导的基因，也伤害了我们的审美观。

仙人掌是一种很容易养活的植物，只要弄点土，随便弄片仙人掌叶，就可以成活，不用频繁浇水。再加上，独特的防辐射功能，很多人都喜欢将其摆放在电脑旁边。其实，在仙人掌受到人们宠爱的同时，又有谁能够体会到仙人掌的悲哀：防备了别人，孤单了自己；没人理解，要受多大的伤害，才长出这满身的尖刺。女人何必做那仙人掌？为什么要让自己这么悲哀？其实只要注意角色的转换，伸手就能得到幸福。

对于女人来说，即使是贵为王后，不爱"红装"爱"武装"的妇好，也会在战场之外"对镜贴花黄"。妇好将军是鱼和熊掌完美兼得的职业女性的典范。对于妇好的相关内容，我们会在后面的章节中做专门介绍。

（1）首先是女人，其次才是领导

女人如花！女性领导者，首先是女人，其次才是领导者。因此，即使真的带刺，也要做朵带刺的玫瑰花。为什么要让自己如此冰冷？女人的颜色叫多彩，女人的状态叫一生如花！

有人说过：每一个内心强大的女人背后都有一个让她成长的男人，一段让她大彻大悟的感情经历，一个把自己逼到绝境最后又重生的蜕变过程。内心强大的女人，平时并不会强势得咄咄逼人，倒可能是温柔的、微笑的、韧性的、不紧不慢的、沉着而淡定的。

英德拉·努伊是百事公司的首席女执行官，即使是在一些重要场合，她依然坚持穿传统纱丽，结果在加入百事公司12年后登临饮料业巨头的权力巅峰。不同的是，对于英德拉·努伊来说，纱丽更像是一个符号，是女人天性绚丽的象征。

而对大多数女性领导者来说，英德拉·努伊的纱丽更像是一个启示：

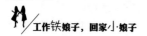

首先是女人，然后才是领导者。

（2）妇好——完美职业女性的鼻祖

①关于妇好和丈夫武丁

武丁是商王朝的第23位国王，第20位国王盘庚的侄儿。盘庚继位时，商王朝已经出现了内乱外患并举的迹象，为了摆脱困境，盘庚便将商王朝的都城迁往北蒙（即今河南安阳）。几年之后，商王朝的中兴之王武丁便接过了王杖。

武丁的父亲小乙是盘庚的四弟，他从来都没有想过自己能继位为王。因此，在武丁小的时候，小乙就将儿子武丁送到民间去生活。在这期间，武丁没有向任何人表明自己的王族血统，而是像普通人那样学习各种劳作知识，像普通人那样经历各种疾苦，这就为他未来继位中兴王朝奠定了基础。也正是这段经历，使他得到了奴隶出身的傅说（殷商时期著名贤臣）。

妇好是商朝国王武丁60多位妻子中的一位，是中国历史上有据可查（甲骨文）的第一位女人军事统帅，也是一位杰出的女政治家。妇好不仅能够率领军队东征西讨为武丁拓展疆土，还主持了武丁朝的各种祭祀活动。因此，深受武丁的喜爱。妇好去世后，武丁悲痛不已，追谥曰"辛"，商朝的后人尊她为"母辛""后母辛"。

②相互欣赏，互为伯乐

武丁个性非常强，也非常富于情感和壮志，妇好是武丁的第一位王后。在嫁给武丁之前，妇好是商王国属下或周边部落的母系部族首领或公主，有着非同一般的出身和见识。妇好非常聪慧，有着超乎寻常的勇气，武丁时代的赫赫战功中有着妇好很多的功劳。

妇好和武丁，是一对真正懂得相互欣赏的好夫妻。刚结婚的时候，武丁对妇好领兵作战的能力还不了解。有一年夏天，外敌入侵北方边境，派去征讨的将领拖了很长时间都没有将问题解决掉。妇好主动请缨，要求率兵前往助战。开始的时候，武丁还比较犹豫，可是认真考虑之后，还是让王后出征了。妇好到达前线后，调度指挥有方，身先士卒，很快就击败了敌人，取得了胜利。

武丁改变了过去对妻子的看法，封妇好为商王朝的军事统帅，让她指挥作战。从此以后，妇好率领军队征讨作战，前后击败了北土方、南夷国、南巴方，以及鬼方等20多个小国，为商王朝开疆拓土立下了不朽战功。在对羌方的一战中，妇好带领13000多人，大获全胜，这也是武丁时期出兵规模最大的一次。

③ 巾帼不让须眉

人们都说"一山不能容二虎，哪怕是一公和一母"，可是，我觉得，做王、做老板的男人都应该向武丁学习一下，不断发掘妻子的潜力。正所谓"一荣俱荣，一损俱损"，再忠心的臣子和员工，也没有妻子靠得住。

按照中国的传统教育，女人都会将老公看得比天大。皇帝一般都把老婆关在后宫，结果被自己的文臣武将当猴儿耍，实在是自寻烦恼。可是，武丁和妇好却是世上最愉快、最成功的一对儿，他们同心协力，将商王朝经营成了世上一流的夫妻店。

妇好为武丁和商王朝立下的最伟大战功之一，就是率领13000人的大军征讨西北的内蒙古河套一带的敌军之战。这是一场自卫战，在妇好出战之前，西北边境的战乱已经骚扰了商王朝多年，始终不能胜利，而妇好一战定乾坤，取得了最后也是最强大的胜利，并且得到了敌人的归附。这场战争对于殷商王朝乃至于整个中华历史，都具有伟大的划时代意义。这是一场奠定中国文明历史进程的决战，史学家认为：妇好此战的意义不亚于传说中的黄帝与蚩尤之战。

当然，武丁也不是一个无用男人，他自己也多次率军出征。在攻打巴方国（今湖北西南部）的时候，武丁和妇好一起领军，分工合作——妇好在西南方设下埋伏之阵，武丁则率领各路侯伯从东面发动攻势，将敌人赶入了妇好的埋伏圈，一举消灭。

④ 夫唱妇随，羡煞后人

每当妇好单独出征、凯旋归来的时候，武丁总是抑制不住喜悦，出城相迎。有一次，一直迎出 80 多千米。当夫妻二人带领各自的部属，终于在郊外相遇时，久别重逢的激动使他们忘记了国王和王后的身份。他们将部属甩在后面，两人一起并肩驱策，在旷野中追逐驰骋。武丁将妻子看得无比重要，甚至于既爱且敬，这一次浪漫的并骑也被记在了史料中。

⑤ 经济独立

武丁是一个非常有见识的君王，并不会因为妇好是自己的妻子，就认为她理所应当要无偿为自己的国家奉献。在妇好立下赫赫功绩之后，论功行赏之时武丁也给她划分了封地。

在自己的封地上，妇好就是主宰，她主持着封地内的一切事务，拥有田地的收入和奴隶民众。同时，按照国王和诸侯的礼仪，她还要向丈夫武丁交纳一定的贡品，决不因私废公。

妇好的封地是商王朝最富庶的地方之一，在这块封地上，她拥有自己独立的嫡系部队 3000 多人——在那个年代，普通小国的全部兵力也不一定能够达到这个数目。由于经济独立，妇好便为自己铸造了大规模的青铜制品，现存于世的妇好偶方彝就是其中之一。

⑥ 距离产生美

武丁和妇好，不但是感情方面的夫妻，也是事业方面的伙伴。为了管理自己的封地，妇好经常会离开王宫，到封地去生活。即使，妇好经常会因为征战和理政与武丁分别，可是依然为他生了很多孩子。

⑦ 千般宠爱于一身

33 岁的时候，妇好去世。虽然相对于那个时代，她的享年已经不短，但是相对于她享国长达 59 年的丈夫武丁来说，就有点太短暂了。

为了增强对爱妻的守护力量，武丁率领儿孙们为妇好举行了多次大规模的祭祀；还为妇好举行了多次冥婚，将她的幽魂先后许配给了三位先商王：武丁的六世祖祖乙、十一世祖大甲、十三世祖成汤。最后，将妇好许配给成汤之后，武丁终于放心了，他觉得：有三位先人共同照看，妇好在阴世里就可以得到呵护和关爱了。

⑧ 战场铁娘子，宫中小娘子

贵为王后的妇好，不爱"红装"爱"武装"，或者说爱"武装"更甚"红装"。在 1976 年发掘的妇好墓中，发现了精美的骨刻刀、铜镜、骨笄、玛瑙珠等许多女性专用的饰品，以及大石蝉、小石壶、石垒、石罐等供玩赏的"弄器"，这都说明她有女性娇美的一面。令人称奇的是，除却这些小玩意，陪葬里还有大量的兵器，特别是一件重达 9 公斤、饰有双虎噬人纹、铭刻"妇好"文的大铜钺，格外引人注目。

后经专家考证，认为这是她生前使用过的武器。妇好能使用如此重的兵器，可见武艺超群，力大过人。更重要的是，钺在古代是军权和王权的象征。那么，我们可以断定，她在那个时代一定是个指挥千军万马的女将军。其实，早在四五千年前的良渚文化时期的玉钺上，便有精雕细刻着彰露"有牙阴户"的女战神或大母神形象。在男性已占主导地位的商代中后期，妇好还可以拥有钺这样的中国最高军事统帅的象征物，成为全国武装部队的统帅，称其为女人中的极品，一点也不为过。

4. 温柔地表达出你的强势

如果说，"刚性管理"如同铁板钉钉一样坚决，那么"柔性管理"就是水，能够渗透到管理的各方各面。"柔性管理"包含了企业文化、薪酬福利、绩效管理等方面。

有一个广为流传的故事：

这天，孔子来拜见老子，老子问孔子："你有没有牙齿？"孔子看了一下，说："牙齿已经都掉光了。"老子又问孔子："舌头还在嘴里吗？"孔子回答说："完好无损！"

老子说："牙齿太坚硬，整天都在和食物、自己斗争，最后牙齿没了。舌头只是品品味道，不参与争斗，最终陪伴人度过一生。"

这个故事告诉我们，万事万物都是相生相克的，在生活中我们要注意运用恰当的方法，懂得以柔克刚。同样，在平时的管理中，也要注意"柔性管理"。那么，究竟什么是"柔性管理"呢？女性领导者在"柔性管理"方面具有哪些优势呢？

"柔性管理"是相对于"刚性管理"提出来的。"刚性管理"是围绕着制度进行的管理，而"柔性管理"则是围绕"人"本身进行的管理。为什么这样说呢？这是由生产力决定的！生产力包括：劳动力、劳动工具、劳动对象等一些要素，其中起决定作用的因素就是劳动对象——劳动者。企业里所有的活动都是围绕人展开的，机器离不开人，企业的运营发展更离不开人。

为什么要强调"柔性管理"呢？用"刚性管理"去完善企业的运营不就够了吗？"柔性管理"是不是没有必要呢？

一天，太阳和风比赛，它们看到路上走来一个年轻人，便说："谁先让他脱掉衣服，谁就获胜。"风第一个出场。它猛烈地对着年轻人吹，可是年轻人却拼命地用力裹；风越吹越大，年轻人的衣服却越裹越紧。后来，太阳出场了。它将自己的光芒都照射在了年轻人身上，年轻人觉得很热，便脱掉了衣服。

在这个过程中，风所采用的方法如同我们传统意义上的用人制度管理，目标明确，方式直接。而太阳用的方式就像是"柔性管理"，主要问题是人心问题，管理的核心就是掌握员工所需、所思、所想。

如果说，"刚性管理"如同铁板钉钉一样坚决，那么"柔性管理"就是水，能够渗透到管理的各方各面。"柔性管理"包含了企业文化、薪酬福利、绩效管理等方面。如何做到"柔性管理"呢？

（1）要提倡"柔性管理"

在阿里巴巴有个著名的"孕妇关怀"，只要一走进阿里，你就会看到穿着紫颜色衣服的准妈妈。公司的准妈妈很多。公司一共有两万多人，平均年龄26岁，每年都会出现800~900个孕妇。为了表达对员工的关怀，公司会给这些孕妇发两件防辐射服，不管有无作用；而且，还是最贵的。仔细算一下，仅这项支出就多达几十万元。

开始的时候，行政部给领取孕妇服做了个规定：孕妇本人要上报让主管批，同时，要医院出个证明。开始的时候，没什么问题，可是一段时间之后，管理层发现这是一件愚蠢的事！为什么这样说呢？第

13

一，衣服样式不新颖，夏天穿了热，冬天不保暖，不时尚；第二，任何一个女孩都不会假装怀孕，即使她要装，也装不了三个月，三个月后如果肚子不大，怎么办？后来，公司就把这个流程取消掉了，只要怀孕了就直接去拿两件。

有人说，如果员工自己没怀孕，表妹怀孕了，来领怎么办？这时候，工作人员就会说：这是公司给阿里巴巴员工的一个福利，如果你觉得公司给你的工资不够给表妹买衣服，那你也来领一件；同时，他们会告诉你什么是应该的，什么是不应该的。这就是阿里巴巴的"人文"关怀，这种管理靠的不是流程化管理，而是信任和德治。

这就是我们所说的"柔性管理"。面对同样的问题，如果采用"刚性管理"，就直接走流程开具各种怀孕证明，多领了就直接扣钱，甚至炒鱿鱼。"刚性管理"虽然可以规范企业的整体运营，但带来的效果却不会太好。可是"柔性管理"虽然可以弥补制度的缺失，但不能替代"刚性管理"。

（2）掌握"柔性管理"的具体方法

在实际工作中，可能会涉及很多还没来得及申请专利的新工艺和新技术、财务数据、施工合同内容、招标投标的标的等问题，这些都属于企业的商业秘密。

在企业活动中，员工难免会遇到利益矛盾和诱惑，在这种情况下，如果员工的职业操守有问题，在利益的驱动下，很难保证其不做出有损于企业利益之事，必然会给企业造成巨大的损害，因此在选用人才的时候，一定要注意辨别良莠，要优先考虑员工的道德素养与职业操守。那么如何做好"品德"考核，来确保"柔性管理"的有效性呢？这里，我们继续以阿里巴巴的案例来看看阿里是如何进行品德考核的，如何进行价值观考核的？

阿里的价值观是用制度来保证的，考核的时候很严格，一条条地

过，业绩只占 50％，价值观考核要占到 50％，业绩再好顶多拿 50%
的奖金。如何来考察价值观？员工互评打分！这种做法有点小儿科，
但很管用。

他们采用的方法主要是举例子，上下级互相举例子。举例说明是
非常难的一件事，只有对上级非常了解，才能举出例子；下级如果想
证明给出的得分高，就要举个正面例子；同时，你也要自评……有了
这套价值观的考核体系后，阿里巴巴在正常的业务流程中不断检查。

（3）逐渐提高自己的管理水平，完善"柔性管理"

作为管理者，要严格要求自己，树立良好的榜样作用，带动其他员工
积极地为了公司的强盛而努力。要提高自己的管理水平，总结经验教训，
完善"柔性管理"，用自己的实际行动产生巨大的影响力与号召力。

5. 双性管理，是职场女人的特权

双性优势，最突出的表现是，强势的一面可以温柔地表达出
来。正因为世俗默认女人天生是弱势群体，所以，也就给了女人这
个特权。

在现代社会里，女性领导者在各个组织中占据了越来越重要的地位。
要想建立学习型组织，培养知识型员工，更要突出女性领导者实施"双
性"管理的必要性。

美林美银的中国区总裁蔡红军，在争取新东方 IPO 时，半夜两点打
电话给既是老同学又是准客户的俞敏洪说："老俞，你要支持我！"

然后，蔡红军又用同样寻求支持的语气分别打电话给王强和徐小

平。虽然最终没能获得这次 IPO 的机会，但却赢得了新东方后期的全部融资合作机会。

星空传媒首席运营官张蔚需要和大量的客户打交道，如果谈判价格降不下来，她就会说："你要帮我。"

双性优势，最突出的表现是，强势的一面可以温柔地表达出来。正因为世俗默认女人天生是弱势群体，所以，也就给了女人这个特权。

新光饰品的董事长周晓光，在创业初期，背着背包在哈尔滨的一个菜市场门口摆地摊，被当地工商局工作人员带走并准备罚款。通过与工商局工作人员交流，博得了工商局工作人员的同情，认为这个"上海姑娘"不容易，还帮着周晓光在工商局里做了几块钱的生意。

不仅如此，工商局的工作人员还告诉周晓光：下班后，到哪儿摆摊，没有人会抓。结果，新光饰品在当地的第一份生意做得特别好。

6. 女强人，可以笑也可以哭

人是情感的动物，有七情六欲，不能把情感长期压抑在心底。人显现于外的不外乎表情、语言、动作等，喜也好，悲也罢，哭着笑着，泪水就在眼眶中积聚，像水一样地流，一滴一滴便是情感的世界。这世界里有真也有假，有呼唤也有陷阱……

（1）柔韧——生活赐予女人修行的正果

渡边淳一在《女人这东西》中有这样一段描述：

和男人比较起来，女人对疼痛的忍受力更强，只要想一想分娩的情况就很容易理解了。分娩的使命之所以要由女人单独承担，是由于女人对疼痛更加能够承受？还是由于女人的身体为了分娩而自然进化得更加坚强？虽然，目前尚无定论，但这样的使命安排定然是合理的。

如果将这一使命交给了男人，在 30 多岁的男人中，恐怕有一半会痛得昏死过去，有部分人甚至真会送命。胆结石症便是一个明证！所谓胆结石指的是，因代谢紊乱、胆汁淤积或胆道感染等在胆囊中形成的结石。结石排出胆道的过程与女人分娩有几分相似，这时候男人会感到异常痛苦，简直可以用"死去活来"加以形容，而排出的结石只不过小指尖大小。

分娩的痛苦要比治疗胆结石所承受的痛苦大得多。首先，持续的时间长。身体纤弱的女人竟要忍受长达十多个小时的阵痛，才能分娩出 3 公斤左右的婴儿。对于这些，一般男人都是承受不了的。

在女人的一生中，至少要经历三次疼痛才能真正地完整起来。女人先天的生理特征和心理特性，注定了女人在管理上可以弯、可以曲，如同她们的身材一样富有曲线。

社会给男人贴的标签是"强硬"、"宁折不弯"。历史所赋予男人的意义，也是"刚强为正"、"曲身则辱"。虽然说也有所谓"识时务者为俊杰"、"大丈夫能屈能伸"等观点，但整个社会的价值取向还是偏向于"威武不能屈"的硬汉形象。因此，在社会中，男人是很难掌握那个"弯曲"度的：或者弯不下；或者干脆一弯就折。

但是，女人是不同的，女人天生就是以"柔韧"的形象存在于世人眼中的，女人或曲或弯，在社会的审视之下，都是正常的。老子有云："兵强则灭，木强则折。"当男人的横冲直撞弄得头破血流无法收场时，女人的柔韧却可以恰到好处地填补这种缺憾。因此，柔韧的女人，加上刚强的翅膀，就会变成一种不可比拟的力量。

朴槿惠

在韩国 2012 年举行的第 18 届总统选举中，新国家党候选人朴槿惠战胜了民主统合党候选人文在寅，当选为韩国新总统。朴槿惠是韩国历史上毁誉参半的总统朴正熙之女，青年时代接连遭受丧亲之痛；她是韩国新国家党的功臣，多次力挽狂澜；她是一位"三无女人"，立志终身献身于国家……

朴槿惠承诺：以"强势母亲"的领导方式，在全球经济陷入困境时带领国家面对挑战；她向人们保证：会让朴正熙时期"让我们过好生活"的奇迹重演。在 2007 年，朴槿惠对其父当政时期政治活跃分子遭受的不公正待遇表示遗憾。被选为总统之后，她再次向受害人家属道歉，表示"我将竭尽全力治愈这种伤痛"。她的这一举动深深地博得了韩国人民的拥戴。

希拉里

在美国，奥巴马和希拉里这一对人气组合，在"后布什时代"的国际舞台上混得风生水起，不仅在短短三年里成功修复了美国由于小布什单边思维而在国际上四处树敌的国际形象；还团结了一批小兄弟，让美国的战略影响扩大加深。可以说，到今天为止，希拉里的"巧实力"外交手法还是比较成功的。

最早把"巧实力"概念引入美国对外政策理论的约瑟夫·奈（美国对外政策理论的学者）认为：将"软实力"与"硬实力"手段结合起来，达到自己的外交目标，便是"巧实力"。无论是奥巴马、希拉里等人的个人魅力，还是美国在政治经济等领域的霸主地位，都成了希拉里扩大美国国家影响的法宝。

"不干涉他国内政"，这一国际交往中的基本准则，美国基本是无视的。从突尼斯到埃及、也门，再到利比亚，除了 Facebook 和 Twitter 当了媒介急先锋外，美国的政治力量也在下边暗流涌动。

小布什很"实诚"，觉得哪有问题就直接出兵打，结果搞得天怒人怨。而希拉里呢？先是不动声色，静观其变，比如：在埃及等国爆发游行之初美国态度是很暧昧的，只让政府保持克制，没有明确的支持意见，如此既与事件撇清了关系，也可以静待事件的发展。可是，随着事发国居民的情绪日益高涨，随着局势和国际舆论向抗议者的倾斜，随着反对力量开始向美国投去期待的目光，希拉里等人就适时地表达了美国的意见。

对于不同的国家，美国的态度也大相径庭。比如：对于穆巴拉克这样的盟友，希拉里最开始还是挺犹豫的，可是穆巴拉克积怨太深，只好顺势劝他下台。对于驻扎着第五舰队的也门来说，美国就更不愿把事情闹大了，除了建议也门政府搞搞改革之外，其他的就不了了之了。对于伊朗这样的敌对国，美国巴不得事情越闹越大，旗帜鲜明地支持示威游行。

对于卡扎菲这样的独裁者，奥巴马和他的英国小弟兄拿他没办法，在事发前还和人家处得不错。可局势一变，利比亚烽火四起，美国趁势扩散自己的价值观和影响力，搞垮了卡扎菲政权。为什么？利比亚是中东产油大国！同样都是打着民主自由的旗号，态度和处理方式为什么相差这么远？这就是女人特有的思维方式，直着走不行，就绕着走，只要结果一样就行。

金刚怒目不如菩萨低眉，不得不承认，在剑拔弩张的商场博杀中，女性领导者往往凭借独特的女人气质，能够以"四两拨千斤"的方式成为"温柔杀手"。在职场上女人可以很女人，也可以很男人；可以很强势，但

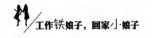

却要如母亲般地坚忍、可亲。

（2）女强人，可以笑也可以哭

生命总是在自己的啼哭中开始，在别人的泪水里抵达终点。医学上认为，眼泪有清洁眼球的作用，是对外界刺激的一种应激性反应，从胎儿时开始，就有了基础泪。于是，泪水就给生命打上了烙印，直到生命结束后，或许还有泪水在记忆你已经飘逝的灵魂。

人是情感的动物，有七情六欲，不能把情感长期压抑在心底。人显现于外的不外乎表情、语言、动作等，喜也好，悲也罢，哭着笑着，泪水就在眼眶中积聚，像水一样地流，一滴一滴便是情感的世界。这世界里有真也有假，有呼唤也有陷阱……

泪水不仅与伤感、悲痛有关，也和喜乐有关。怒极反笑，喜极而泣，人在巨大的惊喜或者幸福之前，一时难以找到最好的表达情感的方式，泪水就会夺眶而出。笑中有泪，性情率真，诸多复杂情感一时间难以道尽，全部凝聚在这夺眶而出的液体之中。

男儿有泪不轻弹！男人通常都习惯于把眼泪藏在心底，让它在血液里流动，这是文化传统的影响。伪装出来的坚强总会有崩溃的一天，当男人真正要哭的时候，一定要当心，那可真是决堤的海，一发不可收拾。但大多数男人都会选择在无人的角落或者最亲近的女人面前伤心欲绝地号啕大哭一场的，大部分时间里则用笑容掩饰泪水。

泪水似乎与女子有缘，善睐明眸，若有雾气朦胧，便是幽潭一碧的美丽和诱惑，生生摄人魂魄、魅力无限；泪光点点，娇嗔微微的黛玉硬是勾走了无数男人的心。男人经常会自作多情地怜香惜玉，女人往往会小鸟依人，泪水就成了和谐爱情的一种润滑剂。但不能过多地使用，因为面对女人的过多泪水，男人会感到惶恐不安、不知所措，要么就不闻不问、溜之大吉。

（3）许多时候，笑容和泪水同等重要

对于"女强人"来说，泪水有时候会让你更动人。

什么是"强人"？就是比一般人承受着更大的压力，内心有着更多担当，更有能耐的人。可是，作为公众眼里的"女强人"，往往要承受比一般女人甚至男性更多和更大的心理、社会压力。而当她们已经对这些责任和压力习以为常了的时候，在旁人看来，却是格外替她们感到心疼和爱怜。

其实，"女强人"在拼命工作的同时，内心也有挣扎，她们在不断地权衡。其实，女强人也是普通的女人……敢笑敢哭，是真性情人；心真情真，泪水也真。

有一颗大爱的心，我们用泪水滋润世间的真善美；有一颗感恩的心，我们用泪水去感谢所有帮助或伤害过我们的人和事；有一颗真诚的心，我们用泪水去温暖苦痛的灵魂。人生总在泪水中前行，酸甜哭辣百味尝尽，或许读懂了泪水，就读懂了人生。

说服力

——说服力就是影响力

说服力，是一个人的知识、气质、性格及人生价值观的综合反映。脱离了这个根本，言谈就会成为"无源之水、无本之木"，淡而无味。

纵观古今中外的政治家、军事家、外交家、社会活动家，无一例外都是思维敏捷、口齿伶俐、善于表达的。任何一个人都会说话，但不见得人人能说服别人。

一句话说得好，可以让对方笑逐颜开；一句话说得不好，可以让对方大发雷霆。一句话可能化敌为友，冰释前嫌，化干戈为玉帛；一句话也可以化友为敌，引发一场争论，甚至导致一场战争。所以，仅仅能说还是不够的，还要学会巧妙说服。美国前总统尼克松曾经说过："凡是我所认识的重要领袖人物，几乎全都掌握一种正在失传的艺术，就是特别擅长与人作面对面的交谈。"领导即说服，领导力即说服力。

康熙十四年(1674 年)，蒙古察哈尔部首领布尔尼进京朝贺。他发现，吴三桂造反，京城空虚，有机可乘。为了营救自己的老爹，恢复祖先曾经统治过的帝国，布尔尼回去之后便起兵造反，出兵攻打北京。

经历过"三藩之乱"，国库已经空空如也，即使有钱，如此短的时间去哪里招兵？康熙发现，自己还不如崇祯，崇祯在亡国的时候还有山海关的吴三桂，而自己现在什么都没有。一想到这里，康熙身心疲惫，下令迁都盛京（今沈阳）。

各位大臣都感到非常震惊，不涉朝政的孝庄太皇太后坐不住了，她把康熙招到了奉先殿（里面供奉着清朝所有皇帝皇后的画像）。一迈进奉先殿，康熙就看见孝庄跪在大殿中央，面朝列祖列宗的排位。

康熙立刻冲上去，一同跪倒。看到祖母双手合十，双目紧闭，口中念念有词，好似在向祖先祷告，康熙不敢打扰，也就学着祖母的样子向祖先祷告。

过了一会儿，孝庄睁开眼睛，看了一眼身边的康熙，说："你对祖先说了什么？"康熙回答说："孙儿祈求列祖列宗保佑，保佑我大清风调雨顺，国泰民安，助我平定叛乱，开创万年盛世。"

孝庄冷冷地说："口气还真不小，你告诉列祖列宗，打算如何开创盛世？"康熙无话可说，急忙低下了头。

"要不要告诉他们，你打算迁都。"孝庄追问道。康熙感到非常羞愧，更加低下了头。

突然，孝庄抢起手，狠狠地给了康熙一个耳光。清脆的一声回荡在空旷的大殿里，康熙的脸上立刻多了一个鲜红的掌印。

孝庄大声怒吼着："你真是好样的！我当年瞎了眼，选你当皇帝。你竟然遇难而逃，丢弃天下于不顾！列祖列宗浴血奋战，才统一天下，你就这样拱手相让？你如何面对九泉之下的列祖列宗！"

康熙知道自己说错了，只好认错："孙儿知错，孙儿一时六神无主，才说了迁都这种混账话。""想也不能想！"孝庄继续怒吼，"你口口声声说不坐明朝的昏君，在我眼里，你连他们都不配！明朝天子御国门，君主死社稷！这叫什么？这叫骨气！宁可轰轰烈烈地死，也不窝窝囊囊地活！遇到一点小小的困难，就要跑到关外，做一个偏安一隅的君主，你的雄心呢？你的盛世呢？"

康熙听后很委屈，放声哭道："不是孙儿不想开创盛世，现在天下大乱，吴三桂造反，朝廷接连失利。滇、贵、川、湘、桂、粤、闽、赣、浙、陕、甘11省相继沦陷，即使是没有沦陷的地方也有叛乱，就连蒙古的布尔尼也发动了叛乱，很快敌军就会兵临城下，儿臣真的不知道该如何是好！"说完，康熙痛哭流涕。

孝庄看见康熙哭了，就收敛了怒火，扶着康熙说："孙儿，我问你，你、布尔尼、吴三桂谁更强？"康熙大吼："当然是朕，朕是真龙天子，天下之主！吴三桂不过是个乱臣贼子，衣冠禽兽！布尔尼连人都不配，不过是条草原疯狗！"

孝庄笑道："说得好，那你心里还怕什么。"康熙哭着回答："现在，孙儿'龙在浅水遭虾戏，虎落平原被犬欺'，北京没兵，您叫我拿什么御敌？"

孝庄回答说："孙儿，你要记住，真正的强大不在于表面，而在于自己的内心，只有心足够强大，才能真正强大！昔日太祖创业时，仅凭13副遗甲起兵，南征北战，最终统一女真；你父亲顺治刚入关时，兵力不到10万，而南明兵力至少100万，你父亲不畏艰险，最终平定了天下；他们都比你要艰苦得多。困难一点也不可怕，可怕的是你没有勇气战胜它。如果你是爱新觉罗的子孙，那就给我鼓起勇气，证明给我看，证明给列祖列宗看，这点困难难不倒你！你不是一个怂种，一个熊包，你是伟大的爱新觉罗的子孙。"

康熙听得热血沸腾，用最大的声音大声吼道："朕是爱新觉罗·玄烨！是伟大的爱新觉罗子孙！朕一定不会辜负列祖列宗的期望，朕一定会开创盛世！成为千古明君！"

"志在成功，方能成功！"不到一个月，康熙就用一支由八旗家奴组成的"虎狼之师"消灭了北方的察哈尔；又趁胜挥师南下，痛击吴三桂。这一个月，是康熙这一生里最艰难的时段。

京城没有士兵，四方都有叛乱，大清国土2/3沦陷，敌军即将兵临城下……如果你是康熙，你会怎么办？孝庄的良苦用心传到了康熙的心里，在那个混乱的夜晚，随着一声声的怒吼，一个幼稚、信心不足、战战兢兢的康熙消失了，取而代之的，是一个相信自己能够力挽狂澜、平定叛乱、开创盛世、彻底"顿悟"的康熙。

当所有人都对现状绝望的时候，康熙运用了正确的军事和政治方针，最终击败了来犯的蒙古军队，保住了帝国的首都，取得了胜利。而塑造这个奇迹的人正是孝庄，孝庄用这场战争传授给康熙一个千古不变的真理："无论在多么绝望的情况下，也不要放弃希望，坚持下去，就一定能够创造奇迹。"这是何等的说服力，何等的影响力？

说服力，是一个人的知识、气质、性格及人生价值观的综合反映。脱离了这个根本，言谈就会成为"无源之水、无本之木"，淡而无味。

一般来说，优秀的领导者都有着超强的学习力。他们学历史，看现在；从书上学，从做事、做人上学；学他人之长，学过去，应用于当下，火眼金睛看未来……女性领导人如果能不断地加强自身修养，提高自己的眼界和境界，必能口出锦绣，其人生也必定精彩无比！

判断力

——判断比雄辩更重要，选择比努力更重要

坐在指挥台上，如果什么也看不见，就不能叫领导。坐在指挥台上，只看见地平线上已经出现的大量的普遍的东西，那是平平常常的，也不能算领导。只有当还没有出现大量的明显的东西的时候，当桅杆顶刚刚露出的时候，就能看出这是要发展成为大量的普遍的东西，并能掌握住它，这才叫领导。

——毛泽东

判断力是一种智慧，是一个人认识事物、把握事物发展趋势的能力。生活、工作中的大多数事情都取决于你有没有选择能力，只靠智力和运用能力是不够的，没有明察力和适当的选择就不可能有完美的结果。

就领导者来说，判断力是一种不带情绪的、冷静地洞察现实及展望未来的能力。有善心的人，可以做好普通人；有责任感的人，可以做个好的职场人；只有具有超强判断力的人，才能做好领导者。

人生是在一连串的判断下累积而成的，优秀的女性领导者一般都拥有更为正确且明快的判断能力，她们直觉敏锐、更为冷静，因此她们能更好地掌握事物的发展趋势，看清事情的本质，做出正确决策。

1. 女人判断更理智

女人判断事物的时候一般都比较冷静，更容易从全局着手做出理智判断，在大格局上更为智慧。而男人则不然，只要感情冲动，就会夸大其事，甚至陷入不切实际的冥想之中。

前面提到的孝庄，就是智慧女人中的佼佼者。在她的一生中，做了无数决策，辅助幼帝建立了大清帝国盛世。在康熙决定撤三藩时，孝庄极力反对。她认为，朝廷的局势刚刚确定，藩王在外休养生息，兵马强大，粮草充裕，此时撤藩等于逼其造反。她主张从长计议，不能操之过急。

孝庄的主张是从大格局出发作出的理性判断，可是康熙帝年轻气盛，太过自信，低估了吴三桂的野心和魄力，执意削藩。开战后，吴三桂为首的三藩的战斗力之强大是康熙始料未及的，整个南方都落入了三藩手中。内难平、外出乱，察哈尔王也乘机反叛，军马直逼京都……康熙的这一冲动决策让清朝政局非常危险。

2. 判断比雄辩更重要

"女主沉浮"是契丹政坛上的一个亮点，历史上著名的"澶渊之盟"便是由萧太后促成的。

辽统和22年，萧太后同圣宗亲统大军二十万挥师讨伐宋。宋真宗在寇准的主谋下，亲自指挥宋军作战。很快，辽军就攻破了德清，到达了澶州（今河南濮阳）北城。

宋真宗担心辽国继续南下，写信给萧太后提出议和。朝中主战及主和派各执己见，萧太后当机立断，选择主和，签订了"澶渊之盟"。

这一决策是明智且有利的。澶渊之盟以后，宋辽双方大致保持了一百多年的和平，极大地促进了两国间的贸易关系、民间交往和各民族之间的融合。

女人一般都有着极强的判断力，能够舍焦虑、舍急进、舍小我、平静心、开眼界，在最关键的时候做出理性判断；能够看清局势、把握策略，应时应势适时调整。

判断力与女人的眼界成正比。要想做出正确的判断，不仅需要大格局的智慧，更需要不断地积累学习，及丰富的实战经历。孝庄与萧太后之所以能够做出正确的判断，主要原因在于她们在耳濡目染、学习、实践的基础上做判断，因此能够在男性铸造的统治铁墙中谋得一席之地。

鉴赏力

——眼界，决定境界

古往今来，短视、缺乏鉴赏力的女人一般都成不了大事。仅靠单枪匹马是无法闯天下的，要想获得成功，不仅要有自我坚忍的修为，还要善于识人、用人。

古人说："世有伯乐，然后有千里马；千里马常有，而伯乐不常有。"不管是对于个人、家庭来说，还是对于企业、国家来说，识人、用人都是重中之重。国家只有吸纳了贤才，才会发展壮大；企业只有聚集了人才，才能获得不断发展；个人只有认识了贤才，才能成就自己的事业。

1. 宁可不识字，不可不识人

早在春秋战国时期，就有人认为：有贤而不知，一不祥；知而不用，二不祥；用而不任，三不祥。可见，选贤任能是领导者的基本职责，也是成功领导者的重要标志。

在鉴赏人才方面，女性领导者有着自己特有的优势。比如：女人善于发现细节，对周边的人和事观察比较仔细，总能先一步发现优秀人才；她们会用自己的爱心和细心来对企业和员工进行管理。

武则天是中华帝国唯一的女皇帝。她是一位杰出的女人，更是一位伟大的政治家，有着绝顶的才能和超人的智慧。从历史发展来看，在历代皇帝中，武则天在识人纳才方面是佼佼者。她既有容人之量，又有识人之智，还有用人之术。

2. 知人善任，用人得法

武则天对人才的鉴赏力是惊人的，她经常会派人到各地去物色人才。只要发现了有才能的人，就会不计较门第出身、资格深浅，破格提拔，大胆任用。所以，在她的手下，涌现出了很多有才能的大臣。其中，最著名的就是宰相狄仁杰。

当豫州刺史的时候，狄仁杰办事公平，执法严明，受到当地百姓的称赞。武则天听说了他的能力，就把他调到京城当宰相。

一天，武则天召见狄仁杰，说："听说你在豫州的时候，名声不错，但是也有人在我面前说你的坏话。你想知道他们是谁吗？"狄仁杰说："别人说我不好，如果确实是我的过错，我会改正；如果陛下经过调查，发现不是我的过错，这是我的幸运。至于谁在背后说我的不是，我并不想知道。"武则天听了，觉得狄仁杰器量大，更加赏识他。

可以说，武则天与狄仁杰是"政治上的志同道合者"。国家需要能够坚定而正确地推行政令的能臣，对这样的能臣，任何一个统治者都会吸纳，武则天也不例外。在她统治时期，狄仁杰担任的官职一共有18种，大多数都是关乎国计民生的中央重职。

3. 超脱恩怨的人才鉴赏力

有大格局、大智慧的女性领导人，一般都会撇开私人恩仇，客观地看待事情。她们会用母性的胸怀去包容员工，会用独特的领导魅力去管理员工。

上官婉儿是武则天的贴身秘书兼心腹，她出身名门，祖父上官仪位高权重，诗才横溢，曾任高宗时期的宰相。后来，上官仪替高宗起草废武则天的诏书，结果被武后杀害。

当时，还在襁褓之中的上官婉儿与母亲郑氏一起充入宫奴。上官婉儿天资早慧，四五岁时就能吟诗填词，显露出了卓越的才华。武则天听到上官婉儿的名声后，打算亲自考考这个仇人之后。

面对女皇的考题，上官婉儿一动笔就写成了，娟秀曼妙的字迹和清新婉丽的诗句让武皇眼前一亮，立刻喜欢上了这个乖巧的女孩，随即下令解除了母女卑贱的"户籍"，任命上官婉儿做她的"专职秘书"，负责起草诏书等事宜。

武则天对人才的鉴赏力远远超脱了私人恩怨。她是上官婉儿的灭家仇人，可是还愿意将其贴身重用，确实具有大格局的识人之力和容人之度。

4. 识人，方能有效用人

识人，是领导者用人的前提和基础，只有正确地了解一个人，才有可能正确地选拔使用人才。女性领导难免与三教九流的人打交道，不管是在生活中，还是在工作中，都会遇到识人识才的问题，因此在与他人交往时，懂得一定的识人知识和一些快速的识人技巧，不仅能够让你在社交中轻松地获得成功，还可以让你的人生变得更精彩！

自制力

——征服自己，就征服了世界

有的路，是用脚去走的；有的路，要用心去走。深一脚，浅一脚；欢喜在路上，悲伤在路上。若没有独到的眼光，就容易走弯路；丧失了理智，就会走绝路。但，只要心不在绝路上，生活是不会给你绝路走的。

在生活中，有些女人稍微一遇到刺激就头脑发热，受点委屈就会勃然大怒，破口大骂，甚至会不顾一切，找对方拼命；狂欢的时候，她则会旁若无人地捧腹大笑……所有的这些表现，用一个词语来形容就叫"性情中人"，但一味地性情，结果可想而知。

古往今来，身处高位的优秀女人一般都能坚忍地发挥自己的自制力，管理好自己的情绪，并且懂得理性思考问题，将局面一步一步地扭转到对自己最有利的境地。

希拉里并不是一个天生丽质的人，当她还没有学会打扮的时候，人们嘲笑她为"中部不会穿衣服的乡巴佬"。后来，她专门聘请了形象顾问和公关公司，变得越来越有魅力。希拉里自信、高贵，有着敏锐的政治洞察力、智商高，既能坚持己见，又能从善如流。

1998 年，任美国总统的克林顿与白宫女实习生出现了性丑闻，不仅让世界震惊，也让希拉里感到异常吃惊。很多支持者都劝希拉里同克林顿离婚，可是就在外界几乎所有人都猜测希拉里会跟克林顿分道扬镳的时候，她却保持了沉默，原谅了丈夫的出轨。

十年后，希拉里接受美国福克斯电视台采访时，袒露了当年的心迹，她说："我从来都没有怀疑过比尔对我的爱，从未怀疑过这个信念，从未动摇过对女儿和整个家庭的承诺……因为我有强大的信念，所以能够冷静下来想清楚，对我和我的家庭来说，什么才是正确的选择。"

靠着强大的自制力，在事件发生的第一时间，希拉里没有按本能做出决定，而是进行了理性的思考。当被问及是否因为丈夫当年的出轨行为感到难堪时，希拉里坦言："是那样……那时候，我觉得自己要疯了，我感到万分沮丧，无比失望，所有的这些念头都在脑海中涌现出来。可是我知道，我不该在气头上做决定，得三思而后行。"

正是因为这样的决定保护了希拉里和比尔·克林顿的政治前途。如果当时希拉里没有克制住这些绝望的情绪，选择离婚或者报复，我们相信就会少一对美国政坛之星。

作为女人，面对亲密爱人的出轨，有多少人真正能做到冷静对待，大部分人都会因为自尊受伤而歇斯底里。为了女儿及整个家庭的幸福，希拉里并没有找克林顿算账，而是克制了自己愤恨的情绪，甚至违背了她一向提倡的女权，坚定丈夫对自己的爱。这样的坚忍、三思而后行，不仅让她赢得了丈夫的敬重，还得到了丈夫日后更加深层次的爱。

当然，在这里，我们并不是提倡男人出轨，更不是让女同胞们面对另一半的背叛都无原则地原谅、宽恕。而是说，在遇到一些让你情绪失控的糟糕事件时，千万不要在负面情绪包围自己的时候做任何决定，要给自己一段独处的时间，冷静地弄清事情的原委。不要因为一时的冲动，让自己抱憾终生。

康熙虽贵为天子，可是如何在自己羽翼尚未丰满时就将心腹大患抓住的呢？不可否认，孝庄的"忍"字智慧起到了决定性的作用。

在力量薄弱的时候，学会一个"忍"字。在孝庄的一生中，一共辅佐了两位幼主。在风雨飘摇的时候，幼主忍辱负重，忍气吞声，笼络大臣；等到势力壮大后，他们再将乱臣贼子一网打尽。

康熙帝玄烨继位后，四位辅政大臣担当国事。辅政大臣权力很大，尤其是鳌拜。鳌拜结党营私、擅权乱政，专横跋扈。不仅联合了遏必隆，扩展了镶黄旗实力；还擅自杀害了朝中与自己存有积怨的满臣。

康熙亲政后，一直想除掉鳌拜这个心腹大患。可是除了遏必隆外的其他二臣，皇上与鳌拜两边都不能得罪，苏克沙哈则想利用皇上除去鳌拜，谋得自己家族最大的利益。孝庄对这一局势了然于胸，她没有急于为幼帝夺权，而是卸下了皇太后的架子，给他们最大的礼遇，对这四位大臣进行了安抚。

在康熙帝还没有亲自治理朝廷的时候，孝庄在这些权臣间周旋隐忍，为年幼的康熙亲政铺平了道路。在康熙亲政后她依然自制隐忍，虽然这天下是他们家的，可是他们依然是孤儿寡母，新帝羽翼未丰，掰不过这些权臣的大腿。

鳌拜结党营私、擅权乱政，甚至当朝犯上逼迫新帝。朝中鳌拜一人独掌大权，皇权受到了极大的威胁，就连她及孙儿的性命都捏在了这些权臣手上。

但，她毕竟是孝庄，依然不动声色地忍着。她放下姿态，亲临索尼府，与索尼家族联姻，为新帝掌权笼络了一棵大树。此举既巧妙分化了四位辅政大臣，使索尼同鳌拜之间出现了矛盾；又促使索尼更为效忠皇室，增加了皇室的力量，为后期铲除鳌拜集团赢取了中坚力量。

不可否认，孝庄忍得智慧！她的隐忍不仅为新帝巩固了皇权、安定了政局，还清除了鳌拜集团，排除了威胁皇权的潜在危险；更踢开了清朝向前发展的绊脚石，让新帝康熙真正掌握了清朝大权。贵为太皇太后的孝庄，在权高位重时容天下难容之事，成就了康熙王朝。

自古以来，有很多君王、领袖成也是己，败也是己，一旦功成名就，就管理不住自己了。而孝庄太后却一生保持着清醒的头脑，把世间的人、物、事看得极为透彻。皇权就在她一次次地隐忍中得到了集中，康熙坐稳了地位，君臣高度统一。

其实，不管是希拉里还是孝庄，她们都是有大格局、大智慧的女人。面对丈夫的出轨，希拉里之所以能够自制，主要是因为坚信丈夫对自己的爱；她知道，要想拥有幸福家庭，必须付出一些代价，她理解丈夫的出轨行为。她克制了面对这一灾难性事件的愤恨情绪，理性地做出判断，不仅保住了家庭，也保住了他们的政坛地位。而孝庄之所以会一再隐忍，一再地避其锋芒，主要是想让孙儿玄烨顺利亲政，让皇权集中、政局安定。为此，孝庄的"忍"智慧，也在历史中落下了重重地一笔。

调查显示，有 25.64% 的人认为，女人需要在事业上更加严格要求自己，只有对自己"狠"一点，才能提升领导力。要想实现一种可依靠、可信赖、可获取高效率的领导形象，首先要具备自我控制的良好素质。

女性领导人首先征服自己，才能征服别人，进而才能征服天下。很多时候，处在高位由不得自己，需要具备高度的自制力。从小事到大事，成败也许只在一瞬间；受情绪的控制，输赢便不由自己。

职场中，作为女性高管，必然会拥有不同于众人的影响力。而拥有良好稳定的自制力，是一个高效率的成功团队和领导者所应具备的素质。作为领导的你，一分失落传递到团队可能变成十分失落，你的一言一行都将影响公司的整个氛围。

任何情绪上的波动失控都是不允许的，良好的精神状态能感染和激发下属的潜能，唤起他们对工作的热忱，营造充满活力和人情味的工作氛围。如果领导者情绪敏感波动、性格反复无常，她领导的团队也会像过山车一样忽高忽低，时好时坏，极不稳定。

1. 管理好心情，才能处理好事情

管好自己才能管好下属，而这一切都需要高度的自制力。在商场中，喜怒不行于色，让对手摸不清，敌明我暗，找到自己的一席之地，没有实时的自制是不行的。

一个成功的外交家必然是一个成功控制自己情绪及行为的人。家庭中，很多女人都将家庭作为释放恶劣情绪的理想地，殊不知，面对家庭中的大小琐事、烦心事更需要我们有意识地克制情绪，先管好后方才有劲儿到前方拼搏。

"事业与家庭兼顾"是女性领导人的主流思想，也是一些杰出女人毕生奋斗的目标，如希拉里，她之所以能够隐忍自制，是因为她坚信丈夫对自己的爱，并且深爱着自己的家庭和事业。

要想提高自制力，女性领导首先要清晰地认清自己，而不是苛求自己；要具备高度的自制，要巧妙运用女人的利器，如果哭泣示弱有利于事情的发展，示弱一下又何妨？当然，如果无谓的忍让会让事情更糟糕，就要收起自己的柔弱，克服心理弱点、自立自强了。

2. 学会对自己说"不"

要学会对自己说不，可以任性吗？不可以！任性会让你损失更多。可以不学习吗？不可以！只有不断学习才能不断进步……在面临困难的危急关头，心理承受力最弱的时候，一定要避免情绪失控，要用平和稳定的心态去对待，积极向上。

在历史的洪流中，自制是优秀女人必须具备的一种共同的优秀品质。对于女人来说，要想获得成功，必须付出更多的代价，做出更多的努力。我们身负太多的角色，现实太过残酷，只要你渴望成功、希望享受成功带来的喜悦，就必须对自己"狠"一点。

征服自己才能征服世界！ 无论面对何种事件，处在何种场合，理性思考，控制自己，忍别人所不能忍，做别人所不能做，才能换得更大格局的成就与幸福。

整合力

——成功，不在于拥有多少资源，而在于能整合多少资源

身边存在的资源决定你可能做什么，所拥有的资源决定你可以做什么，而你对资源的整合能力决定你最终成为什么。优秀的整合力体现在资源的整合、挖掘上，智慧的女人都懂得整合周围的资源，步步为营。成功并不是你拥有多少资源，而在于你能整合多少资源。

荀子曾经说过："登高而招，臂非加长也，而见者远；顺风而呼，声非加疾也，而闻者彰。"又说"君子生非异也，善假于物也"。所谓"善假于物也"，其实就是我们今天常说的整合资源、利用资源的能力，即整合力。

有人交友千百却对事业没有帮助；有人虽然只有两三个知己，却成就了大业。同样的心志、同样的努力、同样的机会，却因整合力而出现了完全不一样的结果。

女人与男人的思维方式是不同的，女人比男人具有更多的平衡能力，能最大限度地团结、协调各方力量。而且，女人往往待人热情、友善、善于倾听、富有牺牲精神，在面对困难时，女性领导更容易通过日常的人际交往协调各种关系，产生团结一致的协作力。

吴三桂因康熙撤藩而在云南举旗造反。大清王朝的局势极其危险，察哈尔王叛军也离朝廷不足百里。当朝廷无兵可抗时，康熙皇帝靠着孝庄太后由家奴组建的上万铁骑成功地扭转了战局。如果孝庄没有宴请家奴来整合这些家奴资源，也许历史叙写的便是另外一种篇章。

孝庄历经三朝，她的恩惠汇集众人，很多人都是因为受到孝庄的恩情后感激不尽，愿为孝庄太后效鞍马之劳。孝庄太后恩威并施，成功地整合了原来家奴的家眷、壮丁、帮工，组成了一班虎狼之师，可见孝庄能调动的资源有多大！

身边存在的资源决定你可能做什么，所拥有的资源决定你可以做什么，而你对资源的整合能力决定你最终能成为什么。

刘邦称帝后，册封吕雉为皇后，后来打算废除吕后所生太子刘盈，另立宠姬戚夫人之子赵王如意。可是由于吕后和张良、周勃等元老大臣强烈反对，结果没有成功。吕后成功地整合了这些人力资源，保住了儿子的皇位和自己的权势。

当刘邦在朝堂上将改立太子的想法说出来的时候，面对群臣的反对，刘邦却仍然坚持自己的意见。在这个节骨眼上，御史周昌站起来大声为刘盈辩护，刘邦只好暂时作罢。

刘邦将吕后娶过来之后，时常为了公务三天两头不见人影，而织布耕田、烧饭洗衣、孝顺父母及养育儿女、爱护兄弟的责任，都一股脑儿地落在吕后一人身上。可以说，刘邦的至亲好友都受到了吕后不少照顾，感情匪浅，在元老和同乡中吕后有很大的影响力。

后来，吕后通过联合兄弟建成侯吕泽和留侯张良，请来了刘邦一直想请却请不来的商山四皓作为太子的宾客。经过这四位长者的教导及潜移默化，刘盈的修养和见识大有长进。

优秀的整合力体现在资源的整合、挖掘上，有智慧的女人都懂得整合周围的资源，步步为营，地平天成。*万物生财在于整合，成功并不是你拥有多少资源，而在于你能整合多少资源。*每个女人都有自己的优势，有自己的个性或独有的风采，将这种风采很好地发挥出来，就能形成一种与众不同的魅力，在与人交往中就会如鱼得水。

成功有三要素：天时、地利、人和。优秀的整合力要因人而异、因地制宜、灵活变通，共谋发展，如此才能高效地整合有利资源，成人达己，合作共赢。

决断力

——与其坐失良机，不如主动出击

决断力，是一种快速判断事物发展趋势并给出一个长远发展方向的决策能力，决断力强的人会经过一定的积累后，对即将发生的事情指出行事方向。决断力的背后牵涉着很多的能力，比如对事情准确的判断力等。

女人的决断力从古至今都不曾消失过。

康熙有着杰出的才能，小小年纪便施计收服了鳌拜。也正因如此，他便有些膨胀起来。在三藩的问题上，他急功近利，想得过于简单，以为略施手段，便可轻易将三藩撤掉。于是，下旨让三王进京，想要借机将三人扣押，实现撤藩的志向。

可是，吴三桂等人是非常狡猾的，一眼便看出了康熙的目的。手握重兵、在三藩之中势力最强的吴三桂，一面上报朝廷，"同意撤藩"；一面加紧招兵买马，用以备战。康熙却一直蒙在鼓里，还沾沾自喜，以为自己的威慑远达西南。可是，就在康熙陶醉于三藩已定的幻觉时，吴三桂反叛的消息传来！

自始至终，孝庄皇太后都是很清醒的。她也一直反对康熙盲目撤藩，却没有阻拦住年轻气盛的他。孝庄认为，康熙对吴三桂一无所知；而吴三桂对康熙，却是无所不知。这样的对手，是最可怕的。孝庄给康熙献计说：首先要稳住吴三桂，让他相信，朝廷是信任他的；满足他的一切条件，只要他不造反就行。康熙有的是时间，而吴三桂已是垂垂老矣，熬到他死，三藩自然会解散。这样，国家在平稳中就可以自然地解决好这一难题。可是，康熙不听！

消息传来，朝廷震惊；康熙的愤怒与沮丧，更是显而易见。他所愤怒的，不仅仅是吴三桂的造反，更是对自己判断失误的懊恼。国难当头！最难的，不是国家没有钱粮，没有兵马，而是没有士气！这时，孝庄站出来说："撤藩，是我的主意！"

孝庄太皇太后，是当时大清国的精神支柱。她站出来说的每一句话、每一个字，才真正代表着大清国的态度。局势混乱之下，有她这一句话，人心很快就稳定下来，并很快建立起同心向外的士气！

这就是孝庄的高明！虽然她一直反对康熙的一意孤行，但到了国家危难时刻，她能立刻判断出轻重缓急，当机立断，做出对国家最有利的选择。这，就是决断力！

把历史再往前翻翻，远在辽代的萧太后更是如此。

经过多年与北宋的交战，萧太后早已彻底摸清了北宋政府的实力和君臣怯战的心理。但即使如此，辽宋之间的战争——对燕云十六州的领土争端，也不是短时间能够解决的。萧太后敏锐地意识到：与其这样无休止地征伐下去，不如互不侵犯，和平共处。但双方进行了这么多年的战争，怎么个"和"法，还需要讲求策略。萧太后深谙"进攻是最佳的防守"，所以，采取了以战止战、以攻求和的策略。

公元 1004 年，萧太后发动了澶州战役，长驱直入北宋腹地两千多千米。萧太后之所以要发动这场战役，本意就是以战求和，宋朝的表现正合其意。于是，双方和谈就此开始。契丹提出的议和条件是要宋朝"归还"后周世宗北伐夺得的"关南之地"，宋朝的条件则软弱的多。只要契丹能尽快退兵，宋朝愿以金帛代地。

经过讨价还价，引人注目的"澶渊之盟"就此签订。燕云十六州维持现状，宋朝每年给辽国十万两银子、二十万匹绢当作"军饷"，宋与辽结为兄弟，宋真宗为兄，辽圣宗为弟，真宗皇帝称萧太后为叔母。

"澶渊之盟"是辽国一次军事上的胜利，也是一次外交上的胜利。此后 118 年间，辽宋之间再未发生过大的战事，契丹的百年和平基业自此奠定。

决断力，是一种快速判断事物发展趋势并给出一个长远发展方向的决策能力，决断力强的人会经过一定的积累后，对即将发生的事情指出行事方向。决断力的背后牵涉着很多的能力，比如对事情准确的判断力等。女人，要提高自己的决断力！

担当力

——心怀感恩，敬天爱人，敢担当，才能胸怀天下

担当，既是一种义务，也是一种责任；既是一种态度，也是一种行动；既是一种高尚的道德品质和崇高的精神境界，也是一种催人奋进的力量和不辱使命的气概。心怀感恩，敬天爱人，敢于担当，才能胸怀天下！

有一位杰出女人，她并没有什么非凡的政治才能，可是却用尽毕生的精力培养了一位伟大的政治家。她就是奥巴马的外祖母——玛德琳·李·佩恩。

奥巴马的外祖母玛德琳出生在一个富裕的家庭，她生性好静，上进心非常强。在奥巴马 10 岁的时候，其母亲邓哈姆与继父罗罗·苏托洛离婚，小奥巴马被送回了美国夏威夷外祖母玛德琳的家里。

当时玛德琳的家境并不好，自己没有上过大学。为了帮助女儿分担支付奥巴马上当地最好的私立学校的昂贵费用，她每天早上 5 点起床，坐公共汽车上班，在一家银行担任一份秘书工作，一直持续了 20 年。直到 20 世纪 60 年代末 70 年代初，玛德琳通过自己不懈的努力，

成为夏威夷银行第一个女副总裁。

虽然玛德琳反对女儿与巴拉克的婚姻，同时还受到巴拉克父亲的恶言相击，但她并没有因此在奥巴马的面前损毁他父亲的形象。不仅如此，她会向缺少父亲记忆的奥巴马谈起一些他父亲与众不同的小故事。她希望外孙能感受到父亲身上的光芒，减少奥巴马从小缺少父爱的遗憾。

奥巴马的妹妹玛雅认为，母亲、外祖父以及外祖母对奥巴马的人格形成有着重要的作用。奥巴马从母亲那里继承了弥合分歧、保持开阔思维的能力，以及好奇心、同情心和对冒险的热爱；从外祖母那里，他继承了实用主义、冷静的头脑和在风暴中处变不惊的能力；从外祖父那里，奥巴马不仅学会了打牌，还学到了外祖父对生活的热情和"一切皆有可能"的生活态度。

奥巴马曾在一次竞选中深情地提到外祖母："她和母亲一起养育了我，她一而再、再而三地为我做出牺牲，她爱我就像爱整个世界。"2008年11月2日，玛德琳因为癌症在夏威夷逝世。此时，奥巴马早已功成名就，开始挑战美国总统的宝座。而11月2日，正是奥巴马决胜的关键时刻。

3日早上奥巴马得知了外祖母去世的消息，下午便在北卡罗来纳州夏洛特的竞选集会上说："我们怀着极大的悲痛宣布，我们的外祖母在和癌症斗争之后，平静离世。"在集会上，47岁的奥巴马潸然落泪。他说，外祖母对他和妹妹的成长影响很大，"她是家庭的支柱，是一位具有非凡才能、力量和谦让精神的女人，是她鼓励我们并且让我们得以抓住机遇。"

奥巴马的竞选活动也是外祖母生前最大的牵挂。为了在电视上看到孙儿，她专门做了白内障手术。在被问到她是否能撑到11月4日看到奥巴马当选总统时，说："没有任何别的事情比这更重要。"不过，这位老人终究没能等到选举结果揭晓。

2008 年 10 月 23 日和 24 日，奥巴马取消了两天的竞选活动，前往夏威夷看望病情恶化的外祖母。这也成为祖孙二人的最后一次见面。据奥巴马说，外祖母要求亲朋好友把打算用于送花圈的钱捐献给癌症治疗基金会。

心怀感恩，敬天爱人，敢担当，才能胸怀天下。

情场狐狸精

真正的"白骨精"大都有一个幸福美满的家庭，妇唱夫随，子慈女孝。羡煞旁人！他们非常善变，在外气宇轩昂指点江山，一进家门便立刻作贤妻良母状，温柔多情，妩媚可爱……

长得漂亮是优势，活得漂亮是本事

1. 如何活得精彩

佛说："一花一世界，一叶一如来。"活得精彩也有不同判断标准，有的人期待事业有成，有的人更向往拥有一个幸福的家庭……不管是哪种方式，都要记住，人生不可能太完美！

2014 年演艺圈最令人吃惊的新闻，莫过于著名影星刘晓庆，以 58 岁的"高龄"在美国风光出嫁。新郎是将门之后、香港商人王晓玉，据说对方对她一往情深、追求多年。

此新闻一出，反应最大的就是女人们：凭什么啊，一个年过半百的女人，却能保持貌美如花，活得快乐健康，事业做得风生水起，最后还能嫁得如此如意郎君，让我们这些为情感、为健康、为事业、为家庭劳心劳力却总感觉离快乐和幸福越来越远的女人们情何以堪？

庆姐的秘诀在哪里？让我们一起探寻刘晓庆的人生历程，从中寻找答案。命运坎坷，选择乐观和坚强，刘晓庆曾经多次在公开场合自称是"昆仑山上一根草"，意思是指自己生命力顽强，无论身处何种逆境都能够活

下去且活得漂亮。事实也是如此。

在刘晓庆的生活中，各种大大小小的挫折几乎是如影随形，她一直都处于舆论的风口浪尖，曾受人仰慕，也曾遭人唾弃。迄今为止，她生命中最大的一次挫折应是那次起始于2002年的税案风波。当时，她因为旗下的多家公司涉嫌偷税漏税而被正式拘捕，而自己最亲近的妹妹、妹夫也因此案受到牵连，被逮捕。

当时这个案件备受关注，刘晓庆预感到自己凶多吉少，她在一夜之间白了头。但仅仅只花了两天时间，她就调整过来了，她详细列了一个书单，让律师帮着转交给自己的朋友，要求照着书单把这些书送来，"反正一时半会儿也出不去，我正好利用这个时间，看书写作。"

在秦城监狱的422天里，她每天跑8000多步——因为囚室小只能数步子；每天洗凉水澡——即使外面大雪纷飞北风呼啸也是如此；每天学英文……一直坚持到出来的那一天。她出来的第一件事就是去检查身体，一查，比过去还健康！她说："我当时已经做好了坐十几年牢的准备。我想，即使坐牢，也得有个好心情、好身体！"

从哪里跌倒，再从哪里爬起，这句话说起来容易，具体到当事人，各种滋味，也许只有自己最清楚。

出狱之后，身价曾经高达1亿美元的刘晓庆面临身无分文、负债累累的状况，最糟的时候连买菜的钱都没有。朋友们纷纷提出要帮她，有的甚至提着人民币来见她，她都坚定拒绝了：你们在我落难的时候依然把我当成朋友，我已经很感激了，至于经济上的困难，我有手有脚，能自己赚！她给过去相熟的导演打电话：不管角色大小，只要付钱及时就行！

这位曾经的一线明星，集多个影后头衔于一身的以骄傲著称的优秀演员，在那几年里，来者不拒马不停蹄地拍戏，有的甚至是只有几句台词的小角色，她也不计较，也想得开。

有一次，刘晓庆与当时人气正旺的李宇春一同参加活动。在后台，记者和观众都疯狂追逐着李宇春，为了保护这位"新晋人气王"，唯一的一间贵宾室只能给她一人，刘晓庆和另外一些演员只能坐在过道里的椅子上。

有一名记者眼尖，发现了这个坐在嘈杂过道里的女人竟然是刘晓庆，立即把话筒递到她嘴边："庆姐，坐在这里有没有长江后浪推前浪之感？"她笑了，从容作答："新人辈出是好事，再说她还是我校友呢，我们都是四川音乐学院毕业的。"这让本来希望能从以言辞直率著称的刘晓庆嘴里挖出几句"猛料"的记者悻悻而归。

姜文拍摄电影《让子弹飞》，作为过去的恋人、现在的好友，姜文很想借此机会帮刘晓庆一把，就邀请她来扮演剧中的"县长之妻"。可刘晓庆看完剧本后，觉得这个角色并不适合自己，就果断拒绝了姜文，她对姜文说："我知道你想帮我，但是一个优秀的导演在创作的时候，应该把作品放在第一位，其他的都得靠边站。我曾经最欣赏你的就是这一点，你不要把这宝贵的一点给丢了！"

我现在的这点小困难，和作品比起来，根本不算什么！"她的拒演，让姜文感动不已，私下里曾向朋友感叹："很多人都说我有情有义，在她坐牢的时候，竭尽全力帮她，其实不是我有情有义，这样一个女人，值得我帮。"

在还完最后一笔债务时，刘晓庆感叹："接下来，我总算可以演一些我自己喜欢的角色了！"

58岁的女人再次结婚，刘晓庆在微博上高调秀出自己的婚纱照，皮肤光洁透亮，小腰盈盈一握，惹得网友大发感叹：这简直就是一个逆生长的老妖精啊！

更有网友发帖引得无数共鸣：我14岁的时候，她是这样；我24

岁的时候，她是这样；我 34 岁的时候，她是这样；我 44 岁的时候，她还是这样……这个女人，她把我们一个个都熬老了，只有她自己，还是这样，羡慕嫉妒恨……

人生的精彩在哪里？早上醒来，精彩在脸上，充满笑容地迎接未来；到了中午，精彩在腰上，挺直腰杆地活在当下；晚上，精彩在脚上，脚踏实地做好自己。

2. 学会顺其自然

要效法天地日月滋养万物的美德，将大慈大悲当作处事的资本，为众生作庇护；我们要学习古圣先贤的"马拉松"赛跑精神，用无限的生命奋勇前进，让生命在自然的法则下永远延续。

《老子》第 25 章有这样的记载："有物混成，先天地生。寂兮寥兮，独立而不改，周行而不殆，可以为天地母。吾不知其名，强字之曰道，强为之名曰大。大曰逝，逝曰远，远曰反。故道大，天大，地大，人亦大。域中有四大，而人居其一焉。人法地，地法天，天法道，道法自然。"

所谓"自然"，自然，则和；不自然，则纷乱。贪欲、愚痴、疑心、嫉妒会让一个人的心理出现紊乱，人就会烦恼异常，乃至误入歧途，千古遗恨。其实，生活中为人处世也是这样！爱恋中的感情如果是一厢情愿，不顺自然，就不会长久；财富如果巧取豪夺，不顺自然，必然会败坏自己的名声；名声如果哗众取宠，不顺自然，必然会遭人唾弃；地位如果坐享其成，不顺自然，则会引起责备。

自然，事情就会处理得顺顺畅畅；过与不及，必然会给自己带来弊患。自然就像一个"圆"，好因带来善果，坏因招致恶果，因果相续，无始无终。生，是因缘生；死，是因缘灭。从圣义谛来看，无生也无死，因此禅门高僧一般都不求了生脱死，只求明心见性。一旦开悟，刹那就是永恒，烦恼就是菩提。

接下来，我们继续一起来看看刘晓庆的婚姻和她的爱情。

四次婚姻，三次离婚，刘晓庆的情路不可谓不坎坷，但很少听见她像个怨妇一样抱怨哪个男人，也没听见她说过：再也不相信爱情了。过往的感情经历，一定有过伤有过痛，但从未摧毁她心中对于爱情的信念和向往。

比如她曾经是那么爱姜文，不惜拿出自己所有的积蓄投资拍摄姜文的第一部电影《阳光灿烂的日子》。两人分手以后，她没有说过姜文的一句不是，这也是在她多年之后因为税案被关押时，姜文对她鼎力相助的原因。姜文说：她对我仗义，是我欠她。

她和第二任丈夫陈国军，当年离婚时闹得满城风雨，陈国军甚至不惜写了一本书来讲述他们之间的恩恩怨怨，其中不乏对刘晓庆的怨恨之辞，但是这么多年来，他们其实一直在默默关心着彼此。在刘晓庆出狱之后的一次朋友聚会上，陈国军一看见刘晓庆，就上前给了她一个紧紧的拥抱，两人算是"一抱泯恩仇"。

刘晓庆说过："在感情里面，永远谈不上谁对谁错。我很珍惜每一个用宝贵的生命陪伴我走过一程的男人，即使因为各种各样的原因没能走到最后，但这个过程已经很令我感恩，我只愿记住那些美好的。"

或许，正是因为相信，她的生命中，才能够不断与真挚的爱情、真诚的男人相遇。和现在的丈夫王晓玉的相识，要追溯到20年前。两人在一次朋友聚会上相识，他欣赏刘晓庆的大气和豁达，曾经对朋友说："她颠覆了我所有对于女性弱点的认知，在某些方面，比如心胸，比如坚强，让我这个男人都自叹不如。"

只可惜，落花有意流水无情，彼时，刘晓庆对他并无特别的感觉，此后，他一直做一个默默的守望者，看着自己深爱的女人经历各种起伏，也经历各种爱情。他一直以一个朋友和大哥的身份出现在她的生活里，在她需要的时候，给予她帮助和安慰。

王晓玉有过两次婚姻，育有儿女，儿女们并不同意父亲和刘晓庆交往，包括晓庆自己也劝过他放弃，但是他说："我这样的年纪，对很多事情都看得很开了，唯独感情这件事，我要执着到底。"儿女们曾经问他："刘晓庆有什么地方让你不能割舍？"他说："晓庆这一生经历过这么多苦难挫折，但是你看她，从里到外都是这么透亮，不抱怨，不自怜，活得这么积极、快乐，这不是一般人可以做到的，她值得我的爱慕和等待。"

也许幸福只为真诚、执着的人停留。2014 年，经历了起伏跌宕大半生的刘晓庆终于想要一个归宿了，而一直守护着他的王晓玉，是她最想停靠的港湾。对于由她的婚讯在国内的网民中引发的各种议论和猜想，刘晓庆在微博上淡然自信地回应道：你想要得到一个出色的男人，那你就先要让自己成为一个出色的女人。

《易经》说得好："天行健，君子以自强不息。"自然之道在永恒精进，在于自利利他，因此要效法天地日月滋养万物的美德，将大慈大悲当作处事的资本，为众生作庇护；我们要学习古圣先贤的"马拉松"赛跑精神，用无限的生命奋勇前进，让生命在自然的法则下永远延续。

美女，内存不足容易被下岗

1. 女人的战争，是美貌与智慧的较量

　　生活本来没有那么美好，女人要知福、惜福、好好珍惜，多说关怀话，少说责备话。人与人之间需要互相体谅，爱人也同样！美貌女人笑在最初，智慧女人笑在最后，只有美貌与智慧并存的女人，一生才会笑意盈盈。

我们经常会说："男人是视觉动物。"所以，很多漂亮的女孩经常会说，我为什么要努力？有漂亮的外表就可以了。可是，说到漂亮，有谁比得过性感女神玛丽莲·梦露？

"跟梦露小姐的胸部相比，她的大脑还处在幼稚状态"。这是一位影视老板对梦露的刻薄评价。可是，这并不妨碍梦露小姐走红，接着，老天又让她在一个恰当的年龄离开人世。在那个年龄死亡，既可以充分展示她国色天香的美貌，又可以有效避免世人看到她风霜迟暮的晚年。

"自古英雄与美人，不教人间见白头"！正是因为没有见过这位美人的白发，梦露的所有形象就都是青春靓丽的：漂亮的金发、精致的脸蛋、

迷离的眼神、似露非露的胸部、欲遮欲掩的大腿，让其成为全世界男人心中的性感女神。

如果梦露的大脑比胸部发达，可能更愿意向世人展示她的智慧。试想，梦露读完工商管理硕士，在企业做白领，穿黑色西装套裙，头发利索地盘在脑后，大步流星地走路，两眼射出犀利的光芒……如此，同样是梦露本人，全世界的男人还会拜倒在她的石榴裙下吗？有美貌而无智慧，正是梦露倾倒天下众生的一个重要原因。

36岁去世时，梦露留下的财产仅够自己的殡葬费。走性感路线的艳星，即使活着，36岁之后也会走上下坡路。在声誉显赫时没有积聚下足够的财产，如果她继续活着，走下坡路之后该如何维持生活？如果活到七八十岁，很可能会在养老院里凄凉地度过晚年。

梦露没有葛丽泰·嘉宝的沉稳，也没有奥德丽·赫本的宁静，更没有凯瑟琳·赫本的坚定。即使红得如日中天时，她们也都操纵着自己的人生舵盘。她们都按自己的方式选择了人生道路，平静安详地度过了晚年。跟她们比较起来，梦露只是强势男人手中的玩偶。

美貌女人笑在最初，智慧女人笑在最后，只有美貌与智慧并存的女人，一生才会笑意盈盈。

2005年4月，英国王储查尔斯拉着与他相恋30多年的老情人的手，走进了婚姻的殿堂。当查尔斯从车上扶下满面皱纹的新娘时，各大电视进行了实况转播。观众看到这一幕，无不感到无言的震动：原来，在这个瞬息万变的世界里，还有一份这样天长地久的感情。

在英格兰的一处庄园里，查尔斯的原配妻子戴安娜已经长眠于地下很多年。当年，戴安娜有着倾国倾城的美貌，可是在底下的泥土的侵蚀中也渐渐模糊，只有在生前遗留的照片上，还是遗留着她那美丽的笑颜。

以世人的眼光衡量这场两个女人对一个男人的争夺战，应该是戴安娜稳操胜券。年轻貌美，高雅时尚，王储还有什么不满足！因此，当最初知道王储的心还另有所属时，全世界的人都生气了。与其说是王储不道德，不如说他辜负了众人目光的期许。

可是，世人都仅仅是看客，只看到了表象，而没有看到事情的本质。戴安娜长得美貌时尚，可也仅仅是一种外表美，她头脑单纯，对深刻的思想和文艺作品缺少理解力。虽然她的公众形象取得了成功，但在婚姻中却与丈夫的距离越走越远。

> 卡米拉虽然长得外貌平平，内心世界却是富有层次的。她知道怎么打开王储的心扉，怎样牢牢抓住他，知道怎样与另一个女人打持久战……等到对方的青春美貌耗尽，她的智慧光芒就会显现出来。

这两个女人的战争，是美貌与智慧的较量。在第一阶段，戴安娜取得了胜利，她生前吸引了全世界的目光，死后万众垂泪；卡米拉则取得第二阶段胜利，在生命的暮年里，两人携手同行。*美貌的女人笑在最初，智慧的女人笑在最后，要想一生都笑得甜蜜，就要做个美貌与智慧并存的女子。*

古龙曾经说过："爱笑的女人，运气一般都不会太差。"因为真诚的笑容，能悦人悦己；真正懂得微笑的人，更容易获得比别人更多的机会，更容易取得成功。

2. 爱情，不是等你有空才去珍惜

> 爱情，不能等你有时间了才去珍惜。两个无缘无故的人遇到一起，就是一种缘分。为了这个缘分，男女双方都要努力去读懂对方。

茫人海中，找到一个自己心仪的、互相珍爱的人不容易，一旦找到将是巨大的荣幸。生活本来没有那么美好，女人要知福、惜福，多说关怀话，少说责备话。人与人之间需要互相体谅，爱人也同样！

真正的爱情，是合适自己的，不是委屈将就；彼此之间不要给对方太大的压力，也不要相信绝对完美的爱情。其实，人无完人，每个人都会有缺点，只要保持一种淳朴的可爱就足够了，只要有一种生活的真实就可以了。

女孩一般都喜欢浪漫，都喜欢爱情美满。可是，我要说的是，可以浪漫，但不要浪费；可以随时和男孩牵手，但不要随便分手。每个女孩都希望自己能够收获一份至死不渝的感情，但是，*感情就如同是造房子，建造时如果偷工减料就会建成危楼；年久失修，莫名其妙地就会长出壁癌，有时还会出现漏水。*

得不到的东西永远都是最好的，失去的恋情总是让人难忘的，失去的人永远是刻骨铭心的，珍惜或放弃，都是每个女人生命中必经的过程，也是我们生活中的一种经历。女人要做好自己，既不要为了讨好别人而改变自己，也不要为了某些因素固执不通。

今天，为了生活，每个女人都忙得天荒地乱，忙得忘记关心，忙得身心疲惫！可是，不管爱情多么坚固，都无法承受忙碌的侵蚀。财富是一种寄存，即使你拥有很多的钱，是个富姐，也不能将他们带到棺材里；权位是一种寄存，无论你怎么叱咤风云，都不能逃出最终的交替。

爱情，不能等你有时间了才去珍惜。两个无缘无故的人走到一起，就是一种缘分。为了这个缘分，男女双方都要努力去读懂对方。拥有什么样的心态，生活就会给予什么样的状态。无论你再怎么相信缘分，都不要在爱情失去后才想到去珍惜。

在每个人的生命里，都会遇到很多人，他们性格不同、秉性不一样，有几个能够成为你的知音？有几个是深爱你的人？有几个是你深爱的人？与其众里寻求千百回，不如疼惜眼前人。

心若没有栖息的地方，到哪里都是在流浪

家，是放心的地方，是装满爱的地方。忙，从来都不是理由，心在，爱在，牵挂在，幸福就在。

家，是什么？关于家，古今中外有很多美言绝句来形容她，可是生活在现实中的我们是否真正理解并践行了"家"的含义？很多人认为，只要拿钱回家，便是对家里最大的负责。其实，"爱"是"家"的本质，"家"是放"心"的地方。心若没有栖息的地方，到哪里都是在流浪。

可是，在现实生活中，"家"经常被我们用"忙"字和其他无关的利益不断地虚化了、远离了，曾经的爱情、亲情也随之渐行渐远。有这样一个真实的故事：

一天，男人喝得醉醺醺地回到了家。进门，开灯，喊女人的名字，可是没人答应。一低头，男人看到了女人放在鞋柜上的离婚协议书。男人愣住了，没想到她会来真的！以前他们也会闹矛盾，但最多是她怄气不肯理他；或者跑回娘家住几天，过后就自动和好了。

这次，女人显然是动了真格的。前几天，女儿开家长会，他太忙，

没时间去。结果女人生气了，说："你一天到晚就知道忙，什么时候把我和孩子，把这个家放在心上过？这日子没法过了，离婚！"男人却认为，工作比家庭更重要，都是为了这个家，自己没有错！

可是，男人站在清寂空落的家里，第一次发现，没有了女人的家根本就不能称其为"家"。即使自己做出了成就，没有女人分享，也是毫无意义的。晚上，没有了女人的唠叨和孩子的嬉闹，家里显得格外的孤寂和漫长。

男人实在受不了异常安静，第二天一早便去看望了大半年都没有见面的父母。父母看到他，惊讶地问："你那么忙，怎么有空回来呢？没出什么事情吧？和孩子她妈吵架啦？"一连串的问题让他的脸发红。

尽管如此，父母还是很兴奋。父亲忙着去买菜，母亲则留在家陪他聊天。母亲拿来花生和核桃让他吃，刚坐下，电话就响了，隔得老远，他就听见父亲的声音："忘了跟你说，给你泡的蜂蜜菊花茶在窗台上放着，现在喝刚好，赶紧喝，小心放凉了。"

母亲挂了电话，端起茶刚喝了一口，电话又响了，还是父亲："咱家的水费是不是该交了？我忘了拿单子，你把编号告诉我，我顺路去交一下。"

放下电话，母亲笑着埋怨："你爸就是事多，出去一趟能往家里打十几个电话。那点工资都给通信事业做贡献了。"正说着，父亲的电话又来了，父亲的声音很兴奋："老太婆，你不是喜欢吃黄花鱼吗？今天菜市场有，我买了3条，亲自做你最喜欢吃的清蒸黄花鱼。"

20多分钟里，父亲的电话接二连三地响，母亲也不厌其烦地接。与其说母亲在陪他聊天，倒不如说是陪父亲聊天。他终于忍不住抱怨说："我爸怎么越来越琐碎了？其实有些电话根本没必要打，回来再说能差多少？"

母亲笑着纠正他："傻孩子，你爸的心思你哪里能懂？他不是琐碎，而是把心留在家里，有牵挂有寄托，所以才会一个接一个地打电话。你爸虽然人在外面，却把心放在了家里，家里事无巨细，他都挂念着呢！不要以为只要往家里拿钱就行了，家不是放钱的地方，而是放心的地方，只有把心放在家里，家里才能有爱，才能有幸福，你明白吗？"

男人看着母亲意味深长的目光，刹那间醒悟过来。他突然意识到，自己忙起来时从不曾给家里打过电话，甚至她打过来的电话也被他匆匆挂断；自己陪上司应酬和同事聚餐，家里的那盏灯一直为他亮到深夜，他却从不曾想过女人的孤独和牵挂；孩子都6岁了，多次要求他带她去动物园、游乐场，他的诺言却迟迟未能兑现……是因为忙，还是因为他从不曾把心放在家里？

那天晚上，男人去接女人回家，女人犹豫着不肯回，他急忙跟女人解释："不会再像以前那样了，我以前忽略了你，忽略了咱们家，我以为只要源源不断地往家拿钱，就能保证我们的幸福。我差点把爱弄丢了，以后我会把心放在家里，把家放在心上，你愿意跟我回家吗？"女人没有回答，却慢慢地走过去，投进他的怀里，哭了！

家，是放心的地方，是装满爱的地方。忙，从来都不是理由，心在，爱在，牵挂在，幸福就在！

看过《乔家大院》的朋友都知道，女一号江雪瑛和男一号乔致庸是青梅竹马，两人的感情非常深厚，"非卿不娶，非卿不嫁"。如果不是命运不合常理地开了个玩笑，他们俩会顺理成章地结婚生子，然后或许也能幸福地过一辈子。但是，*人生无常，生命不会给我们一条坦途，我们认定的"理所当然"在上天眼中一文不值，他非要给你安排个"出乎意料"。*

　　乔家的生意陷入了前所未有的困境之中，对乔家来说，当时只有两个选择：是死，还是死得更惨？在哥哥、嫂子庇佑之下长大的乔致庸，突然之间要挑起这天大的担子，这种角色的转换首先就不是所有人能够接受得了的。

　　当然，一开始，他也不肯接受，但，命运却将责任交到了他的手中，不接受是不负责任的。乔致庸是一个负责任的男人，他迅速调整了自己的心态。在这一点上，陆玉涵和他几乎一模一样。洞房之夜，陆玉涵就知道新郎心中另有所属，虽然难过，但是她还是明确了自己的角色，收拾心情，该帮的忙一点不落，尽到了一个妻子的责任。然后，用自己的柔情和理性，一点点感化并最终得到了乔致庸的心。

　　同样是面对人生中最难以抉择的情感与责任，江雪瑛的性格却注定了她悲情的一生。对乔致庸的处境，她也理解，但却无力支持，这成了她一生的怨念，并将一切悲剧都推在了这个理由之上。她觉得，她之所以会失去乔致庸，都是因为她没有一个有钱的家庭。所以，她拿自己的一生作赌注，只为了掌握这个她认为是万能的东西——钱！

　　江雪瑛的一生始终没有明白，即使她有再多钱，也改变不了已经成为事实的事情。她疯狂地报复，以为毁掉的越多，得到的补偿才会越多。在这种扭曲了的心态的支配下，她不仅没有得到失去的爱情，还让乔致庸对她的爱越走越远，直到终老她都没有触碰到。因为放不下，所以她无法开始新的生活；她让自己活在过去的阴影中，拒绝走出来。

　　乔致庸和她有着同样的伤痛，可是，痛则痛，但止于痛。他对江雪瑛有同样的深情，但他却在心里留一块地方，储存了这种痛，珍藏了他与江雪瑛过去的一切美好。而江雪瑛却让自己的生命停在了那个痛点之上，再也没有前行，更没有让自己的心找到一个温暖可栖息的地方。所以，直到终老都是孤苦伶仃的。

爱情是一场修行

　　爱情，本来是上天赐予的一次人世间的修行，可以没有玫瑰的浪漫和海誓山盟的矫情，哪怕每餐只有两个馒头和一点咸菜，也能用彼此的真心将岁月用细细密密的针脚缝合成一件贴身的衣服，体己、暖身，相依为命。

　　今天，人们谈到爱情的时候，喜欢使用"感觉"两字；说起分手的原因，总是认为"没有感觉了，没有吸引力了"。这话乍听觉得合情合理，但再一思索，就有点不对劲了。

　　感觉是什么？吸引力又是什么？世上，没有哪种感觉会永远新鲜如初，也不可能有永不厌倦的东西，尤其是善变的人性。如果爱情只讲感觉，那么它的生命力就是脆弱而短暂的，没有人能真正拥有它。

　　在《食神》里有这样一个镜头：当记者让周星驰饰演的食神说说他做菜成功的诀窍时，他写了一个"心"字。厨艺如是，爱情亦如是！靠的是"心"！爱情是人类一种纯真美好的感情，是一场上天赐予的修行，需要我们用心去读、去写、去感受、去经营。

　　李海住院期间，对面床上的那对夫妻一直小声地争吵着，女人想走，男人要留。听护士讲，女人患的是胶质细胞瘤，脑瘤的一种，致癌率极高。

　　从他们断断续续的争吵中，李海很快便计算出了他们的财富：女人46岁，有两个孩子，女儿去年刚考上大学，儿子念高一；十二亩地、六头猪、一头牛。

　　医院的走廊里有一部插磁卡的电话，正好安装在病房门外三四米远的地方，由于手机的普及，已经很少有人用了。楼下的小卖部卖电话卡，几乎每个傍晚，男人都要到走廊上给家里打电话。

　　男人的声音很大，虽然每次他都刻意关上病房的门，可病房里还是听得清清楚楚。每天，男人都在事无巨细地问儿子，牛和猪是否都喂饱了，院门插了没有，嘱咐儿子别学得太晚影响了第二天上课；最后，都会千篇一律地以一句"你妈的病没什么大碍，过几天我们就回去了"作为结尾。

　　女人住进来的第四天，医院安排了开颅手术。那天早晨，女人的病床前多了一男一女，看样子是那女人的哥哥和妹妹。女人握着妹妹的手，眼睛却一刻也没有离开男人的脸。

　　麻醉前，女人突然抓住了男人的胳膊说："他爸，我要是下不了手术台，用被窝把我埋在房后的林子里就行。咱不办事儿，不花那个冤枉钱，你这回一定要听我的啊！""嗯，你就甭操那心了。"男人说。

　　晶亮的液体一点点地注入了女人的静脉。随着女人的眼皮渐渐垂下，男人脸上的肌肉一条条地僵硬起来。护士推走了女人，男人和两个亲戚跟了出去。

　　过了一会儿，男人便被妻哥扯了回来。妻哥把男人按在床上，男人坐下，又站了起来，又坐下，一只手不停地捻着床头的被角。"大哥，你说，这手术应该没事儿吧？"男人定定地瞅着妻哥，脸上的神情看上去像个无助的孩子。

"医生说了没事就应该没事儿的，放心吧！"妻哥安慰着男人。

一小时后，女人在大家的簇拥下被推了回来。女人头上缠着雪白的纱布，脸色有些苍白，眼睛微微地闭着，像是睡着了。

手忙脚乱地安排好了女人，男人又出去了。回来时，手里拎了一兜包子。男人不停地劝妻哥和妻妹多吃点儿，自己却只吃了两个。那个傍晚，不知是忘了还是其他原因，男人没给家里打电话。

晚上，病房里的灯一直亮着。半夜，李海起来去厕所，看到男人坐在妻子的床头，像尊雕塑般一动不动地瞅着女人的脸。

第二天上午，女人醒了，虽不能说话，却微笑着瞅着男人。男人高兴地搓着手，跑到楼下买了许多糖，送到了医生办公室，送到了护士台，还给了同病房的病友们每人一把。

女人看上去精神还不错，摘掉氧气罩的第一天，便又开始闹着回家。男人没办法，只得像哄孩子似的不停地给女人讲各种看来的、听来的新鲜事儿打发时间。一切又恢复了原来的样子，每天傍晚，男人又开始站到楼道的磁卡电话旁，喋喋不休地嘱咐起了儿子。还是那么大的嗓门儿，还是那些琐碎的事儿，千篇一律的内容。

一天晚上，李海从水房出来，男人正站在电话旁边大声唠叨着："牛一天喂两回就行，冬天又不干活儿，饿着点没事儿，猪你可得给我喂好了啊，养足了膘儿，年根儿能卖个好价钱。你妈恢复得挺好，医生说再巩固几天就能出院了……"

男人自顾自地说着，站在一边的李海看得目瞪口呆。那一刻，朋友惊奇地发现，电话机上，根本没插磁卡！撂了电话，男人下意识地抬头，看到李海脸上错愕的表情。男人这才意识到，自己忘了往电话上面插磁卡了。

"嘘——"男人的食指放在嘴边，示意李海别出声。"赵大哥，这会儿不担心你家的猪和牛了？"李海一脸疑惑地瞅着男人，小声问了一句。

"牛和猪早托俺妻哥卖掉凑手术费了！"男人低低地回答，随即做了个鬼脸儿，用手指了指病房的门。那一刻，李海恍然大悟，原来，男人的电话不是打给家中儿子的，而是"打"给病床上的妻子的！

当感觉与欲望支配了你寻爱的心时，你一定会走入爱情的无底洞中，永远到不了彼岸。不过，爱情毕竟是一种情感，首先肯定是来自感觉与吸引力，但感觉上的激情是建立在彼此新鲜感的基础上的，一旦彼此习惯之后就不复存在。虽然有些人懂得制造浪漫，但这种激情不会再是两人重要的生活内容。*激烈的浪漫式爱情必然有一天会走向平淡的亲情式爱情，因此女人要调整好自己的心态，依然知足地乐在其中。*

用"感觉、激情、缘分"等作为理由而抛弃对方，不是在爱情问题上过分幼稚，就是在爱情问题上分外老奸巨猾。说他们幼稚是因为，不懂珍惜而无意丢失，这类人往往初谙人世，年少轻狂，没有经过生活的砥砺与风雨的洗练，并未意识到真情的内涵与可贵。而老成的人惯于风月，用这种看似合理的抽象语言作为借口是再好不过的，一则可以为自己脱责，二来可以掩饰自己的薄情负心。

如果将爱情寄托在人类本能的感觉，那么人永远都是喜新厌旧的，处于不断地追逐中。但人是有理性的，要用理性去战胜那些天性的弱点，让自己不成为欲望、情感的奴隶。

爱情，本来是上天赐予的一次人世间的修行，可以没有玫瑰的浪漫和海誓山盟的矫情，哪怕每餐只有两个馒头和一点咸菜，也能用彼此的真心将岁月用细细密密的针脚缝合成一件贴身的衣服，体己、暖身，相依为命。那份细腻而质朴的恩情，在朝朝暮暮的相依相伴中，就会沉淀出人世间最温暖的爱。

懂，比爱更重要

1. 男女思维的区别

懂得是灵犀，是付出，是彼此心灵的相通，是心与心的相依取暖，是灵魂与灵魂的对望生香，是一颗心对另一颗心的欣赏。它源于爱、始于情，散发着淡淡地芬芳。一声"我懂你"，胜过千言万语，让我们久久恋着那份暖。很多时候，懂，比爱更重要！

我只想要一个苹果，你却给了我一根香蕉。我无动于衷，你又给我一车香蕉，我还是不想要。你开始抱怨，你觉得你自己都被感动了，为什么我还没有感动？但是我为什么要感动呢，我只想要一个苹果而已。

两个人的世界里，懂，比爱更难做到！女人的一生，无须倾国倾城，只需有个男人为你倾注一生！在两个人的世界里，懂比爱更难做到。懂你的人，会用你所需要的方式去爱你；不懂你的人，会用他所需要的方式去爱你。因此，懂你的人，经常会事半功倍，他爱得自如，你受得幸福；不懂你的人，则会事倍功半，他爱得吃力，你受得遭罪。

男人觉得女人什么都不懂，女人觉得自己什么都懂；男人觉得女人不懂自己的心，女人觉得男人不懂自己的苦心。恋爱之后，女人自以为了解男人；失恋后，才会明白之前的"了解"全是"误解"。

懂得是灵犀，是付出，是彼此心灵的相通，是心与心的相依取暖，是灵魂与灵魂的对望生香，是一颗心对另一颗心的欣赏。它源于爱、始于情，散发着淡淡地芬芳。一声"我懂你"，胜过千言万语，湿了眼，润了情，润了心，让我们久久恋着那份暖。*很多时候，懂，比爱更重要！*

如何懂你深爱的那个男人？先来看看男女思维的区别，再走进男人的世界，看看他们是怎么想的。

（1）男人是单一思维，女人则是多重思维

男女大不相同之一，就是男人往往每次只思考一件事，而女人则会同时考虑很多事情。换言之，男人比女人更专注。

（2）男人更倾向于图像思维

男女的另一个差异是，男人不总是能通过语言或文字来解决问题，调查显示，图像和照片能够帮助他们快速思考。而女人则更依赖语言，这也是为什么通常女人都比男人啰唆的原因。

（3）男人真的可以做到什么都不想

当男人说他们什么也不想时，他们可能真的是什么都不想。而女人的感官几乎每分钟都处于醒着的状态。

（4）男人的逻辑思维更强

女人往往从内心出发，充满感性地思考问题，遇到问题时更注重自己内心的感受。而男人可以"关闭"他们的情感，理性且逻辑地解决问题，因此很容易与女人产生矛盾。

（5）男人思考得更慢

大多数女人很清楚自己的所思所感，所以能很快做出反应。而男人并不是这样，在作出决定之前，他们需要时间来思考、认真咀嚼。

（6）男人更擅长分析

在大多数情况下，男人比女人更擅长分析问题，他们天生有种能力，可以清晰地看出事物的本质、辨别真伪，他们仿佛是一个局外人，能更冷静地观察形势。而女人往往被自己的感情所左右，这会使她分心。从而使对事物的看法出现偏差。

（7）男人更一针见血

男人可以很轻松地洞悉到问题的核心，相比之下，女人虽然可以发现主要问题，却不知道它确切地来说是什么。

2.　走进男人世界——中国式男人的婚姻观

面对残酷的现实，男人也想着娶到"性价比"相对比较高的女人，无论是人品、道德，还是相貌、身材。男人在婚姻问题上的考虑会更加慎重，在结不结婚、娶哪个女人等问题上，男人的恐婚心理表面上看似乎平静无比，其实内心深处通常会比女人更严重。

今天，很多男人总是感到自己很无奈、很无助，不但需要面临越来越沉重的工作压力，还要面对越来越残酷的生活压力。特别是越来越高的娶妻成本，折磨着无房、无车、无存款的男人越来越脆弱的神经！男人们纵然自我感觉是一支潜力巨大的潜力股，在越来越现实的丈母娘面前，所有的才华和雄心都显得苍白无力。

面对残酷的现实，男人也想着娶到"性价比"相对比较高的女人，无论是人品、道德，还是相貌、身材，这对于男人来说很重要。和女人害怕嫁错男人一样，男人其实也很担心自己会娶到并不适合自己的女人做老婆。毕竟，男人在婚姻问题上的考虑会更加慎重，在结不结婚、娶哪个女人等问题上，男人的恐婚心理表面上看似乎平静无比，其实内心深处通常会比女人更严重。

有这样 10 种女人让男人忧心忡忡，尤其是有情感瑕疵的女人，更是让男人望而却步。

（1）将爱情太过理想化

男人最不能容忍的是女人总喜欢把恋爱时的激情、甜言蜜语持续到结婚以后，甚至是要求越来越高。过于理想化的女人，似乎没有男人就活不下去。她们坚信琼瑶式的爱情才是真正的爱情，觉得韩剧的浪漫才是真正的爱情，只要稍不符合她们的心意就会一哭二闹三上吊，如此会给跟她相处的男人带来一种强烈的窒息感。

（2）凡事喜欢出尽风头

绝大多数男人，从骨子里总会或多或少地流露出大男子主义倾向，不喜欢女人过多的抛头露面，尤其是在自己的男人面前；不喜欢自己的女人表现出阳刚的性格，更不喜欢她处处强势，甚至不顾男人的感受。这种女人摆不正自己的位置，找不到自己应有的角色，是男人最不想接近的。

（3）多愁善感、情感脆弱

绝大多数男人都有一种通病——害怕看到女人的眼泪。可是，有些女人会千方百计地利用男人性格中的天生弱点来制造这样的场景，用多愁善感来博取男人的同情，用脆弱的情感表演来换取男人保护弱者的冲动。可是，即使你的诡计谋略再好，也是不能多用的，一旦知道了女人的心计，男人一般都会快速逃跑。

（4）疑心病重、喜欢约束男人

男人最受不了女人的猜忌心理，最无奈于女人的疑心生暗鬼，最不喜欢女人由于猜忌而限制男人的自由，尤其是工作中出现的异性同事被女朋友当成是感情出轨的潜在目标，为了防止男人出轨而采取的各种各样的防范措施，都会让男人感到两人之间缺乏应有的信任，会让他们想要逃跑。

（5）爱到疯狂得没有自己

男人不怕担当责任，但却害怕爱所造成的窒息。男人一般都喜欢轻松自由的生活环境，更希望有一个女人能够深深地爱着他，但这种爱要适度。如果女人把所有的目光和所有的注意力全部集中在他的身上，男人会感到沉重和窒息，怎么会喜欢？

（6）喜欢抱怨、没有爱心

美丽让他停下，魅力让他留下，一个有魅力的女人至少是爱笑的女人。爱笑的女人运气都不会太差！世上任何一个人都不会喜欢整天对着一张苦瓜脸，更不喜欢一个无病呻吟，爱抱怨的女人，更何况是作为视觉动物的男人？

这里讲的没有"爱心"，是指不喜欢小孩的女人。任何一个男人，对于自己生命延续的重视程度往往胜过自己的生命，如果女人在恋爱时让男人知道她婚后肯定不会孕育小孩，那么即使这个女人风华绝代，男人也会离她远去！除非，男人已经有孩子了，或者婚后才发现不能孕育。

（7）经常歇斯底里

男人一般都不喜欢胡搅蛮缠的女人，他们根本就没有精力、也搞不过女人的紧逼盯人，常常反感又无可奈何于女人那种抓住鸡毛当令箭的做派，为此，男人的失守策略一般都是"好男不跟女斗"。也就是说，在选择结婚对象时，男人会尽量避免找一个经常为鸡毛蒜皮的小事跟自己纠缠不清甚至歇斯底里的女人。

（8）花钱如流水

再有钱的男人看到女人没有节制的乱花钱也会胆战心惊，假如赚的钱没有花的钱多，娶这样的女人当老婆，返贫的那一天迟早会到来。就算是"富二代"也不太愿意充当自动提款机的角色，而绝大多数非"富二代"就更不具备自动取款机的功能了，因此，"月光族"女人通常很难让男人产生迎娶的冲动。

（9）攀比心超重

男人最恨女人动辄就拿身边最优秀的男士来和自己比较，如果别人有这么好，那你干吗不跟他走呢？面对这样的女人，绝大多数男人都会产生一种强烈的抵触情绪。而男人最常用的自我保护手段就是离开虚荣心超强的女人。

（10）藏不住隐私

虽说喋喋不休是女人的专利，也知道喋喋不休的女人通常都没有什么恶意，但是，如果娶回一个播音员式的老婆也是吃不消的，尤其是口无遮拦什么都说的女人。

绝大多数的男人在事业上都不惧压力、勇于担当，为了事业有成可以玩命工作，只不过走进家门后大多会懒散到连脚都不想洗，因此，如果女人能够让男人感到婚后自己的懒散生活不被剥夺，可以延续婚前那种宽松自然、悠闲自在却又不失被关怀的温暖，那么男人就会一辈子赖在你这里，赶都赶不走。

工作，退一步海阔天空；
爱情，退一步人去楼空

星云大师说过，在这个世界上，没有一劳永逸、完美无缺的选择。你不可能同时拥有春花和秋月，不可能同时拥有硕果和繁花，不可能所有的好处都是你的，要学会权衡利弊，学会放弃一些什么，然后才可能得到些什么。要学会接受命运的残缺和悲哀，然后，心平气和。因为，这就是人生。

如果遇到了可以爱的人，却又担心不能把握，该怎么办？佛曰："留人间多少爱，迎浮世千重变。和有情人，做快乐事，别问是劫是缘。"

让全世界女人为之"羡慕、嫉妒、恨"的富婆梅琳达·盖茨，长相一般，然而她不仅在软件销售方面表现出了卓越的才能，而且在选择幸福上也很有一手，她是如何抓住自己的幸福的？

盖茨和梅琳达都是工作狂，两人下班后都喜欢在办公室加班。每天，盖茨都会从自己的办公室窗口望出去，正好可以看见梅琳达。一天，他来到了梅琳达的办公室，鼓足勇气对她说："请你永远为我点亮这盏灯！"从此，他们两人便开始正式交往了，而办公室也就成了他们经常约会的地方。

两人关系中具有决定性的一刻同样发生在办公室里。一天，梅琳达鼓起勇气穿了一件特别的 T 恤来到盖茨的办公室，上面写着"娶我吧，比尔"。在 1994 年新年这一天，盖茨和梅琳达在夏威夷的一间教堂里结婚了。

选择同时也就意味着放弃！星云大师有言："在这个世界上，没有一劳永逸、完美无缺的选择。你不可能同时拥有春花和秋月，不可能同时拥有硕果和繁花，不可能所有的好处都是你的，要学会权衡利弊，学会放弃一些什么，然后才可能得到些什么。要学会接受命运的残缺和悲哀，然后，心平气和。因为，这就是人生。"

很多人可能会认为梅琳达非常幸运，但熟悉盖茨的人都知道，他并不是一个容易相处的人。盖茨不善于用语言表达感情，非常严肃，同时又充满了强烈的好奇心。梅琳达知道丈夫喜欢看书，于是就建了一个家庭图书馆。此外，她还很注意配合丈夫的爱好和兴趣，两人经常玩猜谜和拼图等智力游戏，参加富有挑战性的活动。

此外，盖茨的个人卫生习惯实在让人难以忍受，这在美国电脑界早已传为笑谈。他可以连续几天不洗澡，如果坐飞机出去开会，回到家里，身上定然会散发着一股臭味。但梅琳达将这些都忍了下来，所以在盖茨眼里，梅琳达不仅办事干练，更具备一个贤妻的特质——像一只温顺的小绵羊。

结婚后，梅琳达非常注意保护家庭隐私，她想给人们制造的印象是——盖茨一家也过着普通人的生活。但实际上，盖茨一家并不像她描述的那样"平凡"。他们在西雅图市郊华盛顿湖边的一栋别墅由几幢大阁楼组成，下有通道连接，并设有暗道机关。别墅中还有电影院、娱乐中心、健身房、巨大的游泳池和一个 18 米高的瀑布。为了保护家庭隐私，盖茨夫妇花了约 1440 万美元买下了别墅所在的整个街区。

2006 年，盖茨基金会同洛克菲勒基金会在一个项目上建立了合作关系。洛克菲勒基金会总裁加蒂斯·罗丁表示："梅琳达是一名全盘考虑者，经常会同盖茨一起深入地研究问题。他们希望带来变化，但是从不异想天开。"

盖茨基金会的巨大影响力来自于梅琳达的全盘考虑和盖茨的出众智慧。U2 乐队主唱 Bono 是盖茨夫妇的好友，同时也是盖茨基金会的受赠人。他认为，盖茨与梅琳达是"天作之合"。他说："盖茨总是过于强烈，我甚至有时称他为'杀死比尔'，而梅琳达给他带来了理性。"

巴菲特也认为，梅琳达让盖茨变成了一名更好的决策者。他说："盖茨当然是绝顶聪明，但在把握全局方面，梅琳达更胜一筹。"当被问到如果没有梅琳达，他是否还会向盖茨基金会捐款时，巴菲特表示："这是一个很好的问题，答案是'我无法确定'。"

所以，不要认为后面还有更好的，因为现在拥有的就是最好的！不要认为还年轻可以晚些结婚，爱情是不等年龄的。*对于爱情，越单纯越幸福。*

一粒沙子，进入了河蚌的体内，河蚌感到痛痒难忍，苦不堪言。河蚌想尽各种办法要把沙子排出体外，但都没有得到理想的结果。受尽折磨的河蚌只好接受了沙子在体内这一现实，分泌出一种特殊的物质来包裹这粒沙子。可是，当伤口愈合时，河蚌已经身价不菲了，因为它已经有了一颗光滑圆润的珍珠。

一粒沙子，本来是河蚌体内的一个缺陷，可是正是这一缺陷成就了河蚌不菲的价值。与其排斥它，不如包容它，世间的许多事都是同一个道理。

靠谱的男人长啥样

任何一个女人都希望自己能够终生有靠，可是关键得明白往哪靠。且不说那些只有花拳绣腿的男人；即使那些满腹才华的男人，如果他的臂膀是软的，女人也是最好别靠。只有拥有坚实臂膀的男人，才能担起女人一生的幸福。

有人曾将林徽因和张爱玲进行比较，不免纳闷：为什么才气比林徽因大得多的张爱玲婚姻是失败的，而林徽因的婚姻生活却是那样让人羡慕？其实，说到林徽因的婚姻，必须要提到徐志摩。

徐志摩喜欢上林徽因的时候，他的妻子张幼仪从千里之外来找他。张幼仪告诉他："我已经怀了你的骨肉。"可是，他居然说："打掉吧。"张幼仪接着说："听说，有人因打胎死掉的。"徐志摩用一句挺富哲理的话做了回答："还有人坐火车死掉的呢，难道你就因此不坐火车了吗？"

也许就是这样一件事，让林徽因下定了离开徐志摩的决心。林徽因是个才女，她当然也会爱上徐志摩这样的"俊才"，爱他的英俊潇洒，爱他的罗曼蒂克，爱他的诗才横溢。但她绝没有将这些放在第一位。她将什么放在第一位呢？要回答这个问题，就要说到另一个男人——与她长相厮守的梁思成。

林徽因在建筑设计上有着很高的天赋异禀，可是在最初与梁思成一起工作的日子里，她画着画着就做其他事情去了。这时，梁思成会默无声息地为她画完。就是从这细枝末节的小事上，林徽因看到了梁思成的气度与襟怀。

抗战期间，梁思成固守在贫穷的李庄，林徽因不畏艰难紧紧相随。那时，梁思成得了严重的脊椎病，必须穿上铁马甲才能坐直，体重也从 70 公斤下降到 47 公斤。可就是在这种情况下，他居然坚持写作。这时，林徽因的身体其实也不太好，但是她依然在为梁思成的身体担忧。在劝说梁思成未果的情况下，她便和梁思成一起投入到了著述中。

在粮食匮乏、没有电、臭虫横行的李庄，他们两人每天都要伏案工作到深夜。到抗战胜利时，他们已经写出了 11 万字的《中国建筑史》。在这段日子里，有外国友人邀请他们去美国，可是梁思成拒绝了。他说："中国在受难，我要与自己的祖国一起受苦。"

如果说，上面的这些事已经让我们对梁思成心生敬意，那么还有一件事足以让我们的灵魂受到更强烈的震撼。

1944 年，美国要中国为他们提供中国日占区需要保护的文物清单及地图，以免盟军轰炸时误加损伤。当时，梁思成任中国战区文物保护委员会副主任，这个任务也就顺理成章地落到了他的身上。让人没想到的是，梁思成竟将这件事管到了日本的国土上——他要求盟军不轰炸日本的京都与奈良。

其实，梁思成不仅恨日本人，而且还有家仇（他的弟弟梁思忠，林徽因的三弟林恒就死在日本人枪口下）。但是，他依然提出了这样的建议。他说："如果从感情出发，我真恨不得炸沉日本。但建筑并不是某一民族的，而是全人类文明的结晶。"

梁思成的行为是崇高的！由此可知，林徽因所追求的是一种在仁爱前提下有担当的男人。事实上，梁思成不仅对妻子儿女有担当，对世界文明和人类进步更有担当——一种高尚的、犹如浩瀚大海般的担当。

虽然胡兰成是一个汉奸，可是张爱玲却看不到他的人格残缺，只欣赏他的风流倜傥，机敏有趣："见了他，我变得很低，低到尘埃里。但心里是喜欢的，从尘埃里开出花来。"这样，花是开了，可也只能结出一串苦涩的坏果子。她的朋友曾经回忆说：

> 一天，朋友去看张爱玲，发现她穿了一件袍子，非常快乐，忍不住便说："这是胡兰成挣了钱给我买的。"她要让朋友知道，自己的男人也是能养自己的。

是的，张爱玲也喜欢胡兰成有所担当。可大多时候，胡兰成是靠张爱玲的钱养着的。当年，林徽因在见到徐志摩时，与张爱玲见到胡兰成的感觉，几乎没什么不同。可是，两个人的择偶观却完全不一样，因此也就有了后来的幸与不幸。

任何一个女人都希望自己能够终生有靠，可是关键得明白往哪儿靠。且不说那些只有花拳绣腿的男人；即使那些满腹才华的男人，如果他的臂膀是软的，女人也是最好别靠。只有拥有坚实臂膀的男人，才能担起女人一生的幸福。

人是唯一一种能够接受暗示的动物，和什么样的人在一起，就会把你变成什么样子。在女人的一生中，会有三种人不断地给你暗示，用行为影响你，他们是老师、朋友和伴侣。良师益友可以有很多，但伴侣只能有一个，一定要为自己的行为负责任，这件事情决定着你一生的高度。选个高贵的人做伴侣，这个问题对于男女都一样重要！

回家小娘子

有魅力的女人，外表是白骨精，内里是狐狸精；在外是铁娘子，回家是小娘子。

每一个妻子都是圣人

1. 每一个妻子都是圣人

女人之所以伟大，就是不管身边的男人现在是否成功，只要男人拥有梦想，都会无条件地支持他，默默地陪伴他，并照顾好一切。不管男人遇到什么挫折和打击，都不要让他们放弃自己的梦想，要让他们证明给自己的女人看——你对他的支持和鼓励是对的！

张瑛和马云是大学同学，毕业的时候就领取了结婚证。马云长得不帅，张瑛看中的是他能做很多帅男人做不了的事情：组建杭州第一个英语角、为外国游客担任导游赚外汇、四处接课做兼职，同时还能成为杭州十大杰出青年教师……

可是，结婚之后，有很长一段时间张瑛都处在惶恐中，因为马云的意外状况层出不穷：

马云忽然辞职，然后在杭州开了一家海博翻译社。当时，翻译社一个月的利润是 200 元钱，但房租就得 700 元。为了维持下去，马云背着麻袋去义乌、广州进货，贩卖鲜花、礼品、服装，做了 3 年的小商小贩，这才撑了下来。

后来，马云还做过《中国黄页》，结果被人当骗子轰……这时候，马云忽然跟张瑛说"想凑50万元做电子商务网站"。很快，他就找到了自己的同事、学生和朋友，16人一起抱成了团。马云坦诚相待，他对大家说："把所有的闲钱都凑起来，很可能失败，但如果成功了，回报将是无法想象的。"同时，他还劝张瑛，说："如果我们是一支军队，那你就是政委，有你在，大家才会觉得稳妥。"在他的煽动下，张瑛也辞职了，和众人一起开始运作阿里巴巴。

创业阶段，工作是不分昼夜的，只要有了新点子，马云就会给这些人打电话，10分钟后这些人就会来他家开会。他的嘴边整天挂着B2B、C2C、搜索、社区之类的专业术语，张瑛虽然听不懂，但却可以给他们提供帮助——白天开会，她在厨房做饭；半夜开会，她在厨房做夜宵。张瑛自嘲说："我顶着政委的虚职，干着勤杂工的事。"

在没有赢利前，每人每月500块薪水，这点钱买菜都不够，家里的"食堂"要保证开伙，加班开会的夜宵品质必须保证。一年过去之后，张瑛问马云："现在到底赚了多少钱？"马云伸出一根手指头给我看。"1000万元？"他摇头。"1亿元？"他还是摇头："100万元。""这么少？""每天。现在是一天利润100万元，将来会变成一天纳税100万元。"

如果说当初马云说的回报是指现在的财富的话，这个回报确实很惊人。而张瑛得到的回报是，成了阿里巴巴中国事业部总经理。这时，家里后院起火了——他们管不住儿子了。

其实，细细想来，儿子也是阿里巴巴的"牺牲品"。儿子1992年出生，跟他们的事业同龄。那时，他们家一挤就是30多个人，屋子里烟雾缭绕像个毒气室，儿子关在房里不能出来。吃饭的时候，儿子跟他们一起吃工作餐，因此儿子就长得越来越像马云——瘦骨伶仃，像根火柴棍支起一个大脑袋。后来，他们越来越忙，儿子4岁入托，一扔就是5天，周末才接回家来。

今天，终于大功告成了，儿子也10多岁了。他们接儿子回家，可是儿子却说："我不回家，我回来了也是一个人，无聊，还不如待在网吧里！"马云真急了，当天晚上就跟张瑛商量："你辞职吧，家里现在比阿里巴巴更需要你。你离开阿里巴巴，少的只是一份薪水；可你不回家，儿子将来变坏了，多少钱都拉不回来。儿子跟钱，挑一样，你要哪个？"

看儿子变成这样，张瑛也着急，但是她心里却不平衡：刚结婚的时候我本来就是打算做个贤妻良母的，结果被马云"骗"进了阿里巴巴；好不容易现在功成名就了，又让我辞职回家做全职太太。你拿我当什么？一颗棋子！

张瑛辞职以后，对儿子的游戏沉迷阻击正式拉开，第一枪是马云打响的。暑假里，马云给了儿子200元钱，让他和同学一起去玩电脑游戏，玩上三天三夜再回来，但回来的时候必须回答一个问题——找出一个玩游戏的好处。三天之后，儿子回来了，先猛吃了一顿，又大睡了一觉，这才去汇报心得："又累，又困，又饿，身上哪儿都不舒服，钱花光了，但是没想到什么好处。""那你还玩？还玩得不想回家？"儿子无话可说。在张瑛的看管下，儿子慢慢就淡出了网络游戏。

那时，正是网络游戏圈钱的时候，盛大、网易都推出了新游戏，按照马云的作风，他是不会放过任何赚钱的机会的。但是他却没有去做网络游戏，他在董事会上说："我不会在网络游戏投一分钱，我不想让我儿子沉迷在我做的游戏里面！"

从小学到初中，张瑛都没有接送过儿子，他都是自己背个书包去挤公共汽车。现在，张瑛每天早上都要做好早饭，和儿子一起吃，再开车送他去学校。接着，她会去农贸市场买菜，回家以后两荤一素一汤地搭配好，配上餐后水果，用一个多层的小食盒装着，去儿子的学校门口等他中午放学。

半年后，儿子的成绩在班上上升了 17 个名次。班主任也说，他不仅学习提高了，就连人缘都变好了，他开朗、爱笑、宽容，以前的那个内向的孩子不见了，变成了一个阳光少年！

张瑛改变了儿子，儿子也在改变她。周末的时候，儿子会挽着张瑛一起出去逛街。一次，路过临海路的时候，儿子给张瑛推荐一家叫"四季风流"的长裙专卖店。在她的印象中，自从进了阿里巴巴后，就没穿过长裙了，自己的衣橱里全都是白色、银灰或者黑色的职业套装，里面的裙子也都是直筒套裙，因为只有那种裙子才符合自己的身份。

儿子给张瑛推荐了一条玫瑰红的丝绒长裙，上面斜斜地缀着一圈金色的流苏，一看就让人喜欢。张瑛的衣着风格就此改变。有空的时候，她会去阿里巴巴看望以前的同事，大家看她的眼神都充满惊讶，说："现在充满了女人味，比以前漂亮了许多。"

有一次，马云跟雅虎公司 CEO 杨致远闲聊，杨致远问起了张瑛，马云说："张瑛以前是我事业上的搭档，我有今天，她没有功劳也有苦劳，我也一直把她当作生产资料。但现在我觉得，作为太太，她更适合做生活资料……"

这些话很快就传到了张瑛的耳朵里，只有像他这样满脑子都是事业的男人，才会把自己的太太当作资料。不过，张瑛觉得，当生活资料的日子并不坏，在家的日子虽然平淡，但是每个收获都值得再三品味。

女人之所以伟大，就是不管身边的男人现在是否成功，只要男人拥有梦想，就会无条件地支持他，默默地陪伴他，并照顾好一切。不管男人遇到什么挫折和打击，都不要让他们放弃自己的梦想，要让他们证明给自己的女人看——你对他的支持和鼓励是对的！

2. 你所拥有的，就是最好的

世间最珍贵的不是"得不到"和"已失去"，而是现在能把握的幸福。现在拥有的才是最好的，对于女人来说，要记住该记住的、忘记该忘记的。

从前，有一座圆音寺，每天这里都是人来人往。寺院的香火很盛，许多人都来上香拜佛。在圆音寺庙前的横梁上有张蜘蛛网，在香火和祭拜的熏托下，蜘蛛便有了佛性。经过一千多年的修炼，蜘蛛佛性增加了很多。

一天，佛陀来到了圆音寺，他看见这里香火甚旺，十分高兴。离开寺庙的时候，佛陀不轻易间地抬头，看见了横梁上的蜘蛛。佛陀停下来，问这只蜘蛛："你我今天能够相见，总算是有缘，我问你个问题：你修炼了一千多年，有什么高明的见解？"蜘蛛遇到佛陀很是高兴，连忙回答了。

佛陀接着问："在人世间，什么是最珍贵的？"蜘蛛想了想，回答说："世间最珍贵的是'得不到'和'已失去'。"佛陀点了点头，然后便离开了。

时间一点点流逝，又过了一千年，蜘蛛依旧在圆音寺的横梁上修炼，它的佛性大增。一天，佛陀又来到了寺前，对蜘蛛说："你好吗？一千年前的那个问题，你有什么更深的认识？"蜘蛛说："我觉得世间最珍贵的是'得不到'和'已失去'。"佛陀说："你再好好想想，我会再来找你的。"

又过了一千年，有一天，刮起了大风，风将一滴甘露吹到了蜘蛛网上。蜘蛛望着甘露，见它晶莹透亮，很漂亮，顿时喜欢上了她。蜘蛛每天都会看着甘露，感到很开心，它觉得这是三千年来最开心的几天。突然，又刮起了一阵大风，甘露被吹走了。

蜘蛛突然觉得好像失去了什么，感到又寂寞又难过。这时，佛陀又出现了，问蜘蛛："蜘蛛这一千年，你有没有好好想过这个问题：世间什么才是最珍贵的？"蜘蛛想到了甘露，对佛陀说："世间最珍贵的是'得不到'和'已失去'。"佛陀说："好，既然你有了这样的认识，那就到人间走一下吧。"

在佛陀的帮助下，蜘蛛投胎到了一个官宦家庭，成了一个富家小姐，父母为她取了个名字叫蛛儿。一晃，蛛儿长到了16岁，已经成了一个亭亭玉立的少女，长得十分漂亮。

一天，进士甘鹿考中了新科状元，皇帝在后花园为他举行了庆功宴。很多妙龄少女都来参加，包括蛛儿，还有皇帝的小公主长风公主。状元郎在席间展示了自己的才能，大献才艺，在场的少女都被他迷住了。可是，蛛儿却一点也不紧张，因为她知道，这是佛祖赐给她的姻缘。

几天之后，蛛儿陪母亲上香拜佛的时候，正好遇到了陪母亲一起来的甘鹿。上完香拜过佛，两位老人就在一边说上了话。蛛儿和甘鹿来到走廊上聊天，蛛儿很开心，终于可以和喜欢的人在一起了，但是甘鹿并没有表现出对她的喜爱。蛛儿对甘鹿说："你难道不记得16年前，圆音寺蜘蛛网上的事情了吗？"甘鹿感到很诧异，说："蛛儿姑娘，你长得很漂亮，也很讨人喜欢，但你的想象力也未免太丰富了吧。"说完，就和母亲一起离开了。

蛛儿回到家，心想，佛祖既然安排了这场姻缘，为什么不让他记得那件事，甘鹿为什么对我没有一点感觉？

几天后，皇帝下诏，命新科状元甘鹿和长风公主完婚；蛛儿和太子芝草完婚。得到这一消息，蛛儿如同晴空霹雳，她怎么也想不通，佛祖竟然这样对她。之后的几天中，她不吃不喝，身体很快便虚弱了，生命危在旦夕。

太子芝草知道了，急忙赶来，扑倒在床边，对奄奄一息的蛛儿说："那天，在后花园众姑娘中，我对你一见钟情，我苦苦央求父皇，他才答应。如果你死了，我也不活了。"说着，就拿起了宝剑准备自刎。

就在这时，佛陀来了，他对快要出壳的蛛儿灵魂说："蜘蛛，你可曾想过，甘露（甘鹿）是由谁带到这里来的？是风（长风公主）带来的，最后也是风将它带走的。甘鹿是属于长风公主的，他对你不过是生命中的一段插曲。而太子芝草却是当年圆音寺门前的一棵小草，他看了你三千年，爱慕了你三千年，但你却从没有低下头看过它。蜘蛛，我再来问你，世间什么才是最珍贵的？"蜘蛛听了这些真相后，一下子明白了，便对佛陀说："世间最珍贵的不是'得不到'和'已失去'，而是现在能把握的幸福。"

刚说完，佛陀就离开了，蛛儿的灵魂也回位了。蛛儿睁开眼睛，一眼便看到了正要自刎的太子芝草，她立刻打落了宝剑，和太子深深地抱在了一起……

佛陀的话一语中的——"世间最珍贵的不是'得不到'和'已失去'，而是现在能把握的幸福"。*现在拥有的才是最好的，对于女人来说，要记住该记住的、忘记该忘记的。*

3. 喜欢你所得到的

家和家美，夫贤妻慧，是我们最美好的愿望。处在婚姻的围城中，酸甜苦辣只有自己知道，可是不管有多少别人看不见的忧烦苦闷，对于依然行走在路上、无着落的人来说，家在、爱在，幸福就在。

这里有一段关于旅行者和牧羊人的对话：

　　旅行者：明天的天气怎么样？

　　牧羊人：将是我喜欢的那种。

　　旅行者：你怎么知道是你喜欢的那种？

　　牧羊人：道理很简单！先生，人们之所以会感到烦恼，就是因为想得到自己喜欢的、排斥自己讨厌的。我知道，'不能总是得到我所喜欢的'，所以我已经学会'总是喜欢我所得到的'了。因此，我敢肯定地说，明天的天气是我喜欢的。

作家六六曾经说过："谁都喜欢有能力的男人，我也只喜欢掉到我眼前对我好的男人，但关键是找不到啊，每个人都想找到好老公，但不是每个人都可以找得到的。"同理，在每个男人心里，也都有一个自己理想中的"窈窕淑女"，但是，所谓的佳人，总是让他"寤寐思服""求之不得"。所以，能够走到一起的两个人，都是幸而又幸的。如此，你还有什么理由不珍惜？你又有何理由不喜欢？

　　在每个女人的肚皮之下睡着的，都是一颗不安分的心。随着时间的流逝，很多想法都会改变，比如，对于朋友，对于情感，对于生活的态度。女人对这些感觉都会越来越现实，越来越真实，越来越踏实，即使什么都没有得到也好像没有缺失了。

4. 爱在当下

　　爱与不爱，就在一念之间。过去的事情、过去的爱情，就让它过去吧，它只是我们生命的一部分，只是茫茫大海中的一滴水珠，只是漫漫苍穹中的一粒微尘。没有那些过去，也不会造就现在的你我。珍惜当前，永远胜于三心二意！

　　我们根本无法确定哪一个才是今生的最爱，如果不懂得珍惜，你身边的这个爱你的人，在某一天，也会成为你身边的过客。找一个你爱的人不容易，找一个爱你的人更不容易。如果无法确定哪一个才是你最爱的人，为什么不在自己成为别人的爱人时珍惜这份感情？如果你告诉自己是爱他的，自然就可以爱上他。

　　深夜，寺庙里，一个女人在向一个和尚提问。和尚坐着，女人站着。

　　女人："圣明的大师，我已经结婚了，可是现在我狂热地爱上了另一个男人，一天不见他都很难受！我真的不知道该怎么办了。"

　　和尚："你能确定自己现在爱上的这个男人，就是你生命里的最后一个男人吗？"

　　女人："是的。我有很多年没有动过心了！遇上了他，我不想错过！"

　　和尚："你可以离婚，然后嫁给他。"

　　女人："可是，我现在的爱人又勤奋，又善良，又有责任心，我这样做是不是太残忍了。"

　　和尚："在婚姻中，没有爱才是残忍和不道德的。你现在爱上了别人，已经不爱他了，你这样做是正确的。"

女人："可是，我爱人很爱我。"

和尚："那他就是幸福的。"

女人："与他离婚后，我会另嫁他人，他会感到很痛苦，怎么会幸福呢？"

和尚："在婚姻里，他还拥有他对你的爱，而你在婚姻中已失去了对他的爱，因为你爱上了别人。拥有的就是幸福的，失去的才是痛苦的，所以痛苦的人是你。"

女人："如果我另嫁他人，应该是他失去了我，他应该是痛苦的。"

和尚："不对！你只是他婚姻中真爱的一个具体，当你这个具体不存在的时候，他的真爱会延续到另一个具体。他在婚姻中的真爱从来都没有失去过，因此他才是幸福的，而你才是痛苦的。"

女人："他曾经说过，今生只爱我一个人，他是不会爱上别人的。"

和尚："你也说过这样的话，对吗？"

女人："我，我，我……"

和尚："现在，在你面前的香炉里有三根蜡烛，你看看哪根最亮？"

女人："我真的不知道，好像都一样。"

和尚："这三根蜡烛就好比是三个男人，其中一根就是你现在所爱的那个男人，你连最亮的那根都不知道，都不能把现在爱的人找出来，怎么能确定你现在爱的这个男人就是你生命里最后一个男人呢？"

女人："我，我，我……"

和尚："现在，你拿一根蜡烛放在眼前，用心看看哪根最亮。"

女人："当然是眼前的这根最亮。"

和尚："把它放回原处，再看看哪根最亮。"

女人："我真的看不出哪根最亮。"

和尚："其实，你刚拿的那根蜡烛就像是你现在爱的那个男人，所谓爱由心生，当你感觉你爱她时，你用心去看，就会觉得它最亮；当你把它放回原处的时候，你却找不到最亮的一点感觉。这种所谓的'最后的唯一的爱'都是虚幻的，到头来终究是一场空。"

女人："哦，我懂了，你并不想让我与爱人离婚，你是在点化我。"

和尚："……你去吧。"

女人："现在，我知道自己爱的是谁了——我现在的爱人。"

和尚："阿弥陀佛，阿弥陀佛……"

女人在过去或许深爱过某个男人，其实他们也是芸芸众生中的一个。爱由心生，当你用心去爱的时候，就会认为他是最珍贵的。可是，当万物归原，生命依然在继续的时候，他也仅仅是我们生命中的一个过客。

如果你爱的人不爱你，也请记得：爱由心生。不要过于把目光集中在他身上，当你试着放开视线焦点的时候，你会发现光亮的蜡烛到处都有。

爱与不爱，就在一念之间。*过去的事情、过去的爱情，就让它过去吧，它只是我们生命的一部分，只是茫茫大海中的一滴水珠，只是漫漫苍穹中的一粒微尘。没有那些过去，也不会造就现在的你我。珍惜当前，永远胜于三心二意！*

女人悦己，男人悦你

1. 贤妻良母综合征

人们都说"男人不坏女人不爱"，其实如果女人不"坏"，男人也会觉得乏味。如果女人太过贤良，时间久了还会让男人产生厌烦、压力和恐惧。这时如果正好有新鲜、别样的女人出现，男人就容易心跳加速。

古往今来，人们往往把具备贤良淑德品行的已婚女人奉为良家妇女。她们善于持家，善良宽容。男人都爱良家妇女，但，凡事皆有度，一旦超越了一个度就会落入另一个极端。

有些女人过于贤惠：她们善良，但让人觉得软弱；她们甘心为家庭利益付出，却忽视了个人追求；她们整天为了家事奔波，丧失了成为前沿女人的能力。李梅就是这样一个女人。

李梅今年30岁，有个收益不错的公司，儿子刚上小学。

作为一个女人，她绝对是超级无敌的强人。公司事务绝大部分是她在管理，儿子、公婆、父母的生活也都是她来照顾。每天从天不亮忙到大半夜，天天这样，她把自己熬得就像是油尽灯枯，刚30岁，看上去却像个中年大妈。

她老公，十指不沾阳春水，马上就要40岁了，看上去却像个18岁的小伙子。每天开着名车，穿着名牌服，喝着小酒，看着电影，过得无比滋润。可是，有一天，老公竟然跟她说："我特想出轨。"她感到很惊愕……

为什么走到最后，爱情的童话往往会变成鬼话？培根的话很好地回答了这个问题："去爱，很简单；但会爱，有点难。就是神，在爱情中也难以保持聪明。"

研究表明，女人对男人太好，过于迁就男人而丢失原本的自我，男人反而会不珍惜。在一次接受媒体采访时，宋丹丹讲述了一段自己寻找幸福婚姻的迷失之路，这次的寻找是失败的。

在英达家做女主人的时候，宋丹丹里里外外都是一把手，修热水器、看护老人、装修房子……家务事样样都靠她。这十年里，她充分享受着"给予"的快乐和幸福，但婚姻却因为她的过分能干亮起了红灯，这时她才感到幸福的婚姻靠的不仅仅是简单的给予与付出。

可是，即使有了这样深刻的教训，宋丹丹也没有在之后的日子里痛定思痛，在第二次婚姻中，又不自觉犯了老毛病。有一次，她要出差拍戏，丈夫像往常一样，周到地帮她整理行李箱。可是，东西太多，男人手笨，一直都装不好，于是建议她换个箱子。

宋丹丹生气了，直接否决了老公的建议，拿出全部本领，三下五除二地就把东西全装齐了。可是，就在她自鸣得意的时候，老公竟然冲着她大吼："你为什么总要剥夺别人幸福的权利！"这一吼，彻底惊醒了宋丹丹，她不再过于能干了，而是学会了幸福地享受着小女人的幸福。

按常理，男人一般都喜欢贤良的女人，可为什么一些贤良女人却"没好下场"呢？过于"良家妇女"的女人，其实带有鲜明的"隐性缺点"。她们对家务事无巨细的包办，对丈夫、子女的无微不至，表面看起来是贤良、温柔，实际却剥夺了丈夫作为家庭成员的权利；她们一心为家，丧失自我地牺牲，表面看贤惠、能干，实际却扼杀了自身的进步……

人们都说"男人不坏女人不爱"，其实如果女人不"坏"，男人也会觉得乏味。如果女人太过贤良，时间久了还会让男人产生厌烦、压力和恐惧。这时如果正好有新鲜、别样的女人出现，男人就容易心跳加速。

2. 女人爱自己，世界才会爱你

从现在开始，女人就要对自己好一点，不要把盘子里所有的肉，都夹到孩子的嘴边；不要把家中所有的钱，都用来装扮房间和丈夫，要留下一点时间和空间给自己；不要在计划节日送礼物的名单上，遗忘了自己的名字……爱自己从现在开始吧！

很多女人在慷慨大度地向人间倾撒爱的时候，太不懂爱惜自己了。作为女人，要给自己留一点享受的时间和空间，不要一拖再拖、一等再等。当我们为自己的母亲，为自己的姐妹，为我们自己，说这个问题的时候，首先需要说明的是，究竟什么是女人的享受？

这里所说的"享受"，既不是一掷千金的挥霍，也不是灯红酒绿的奢侈；既不是喝三吆四的排场，也不是颐指气使的骄横；既不是珠光宝气的华贵，也不是绫罗绸缎的柔美……我们所说的享受，是在厨房里单独为自己做一种自己喜欢吃的菜；在商场里，专门为自己买一件心爱的礼物；在公园里，和儿时的好朋友无拘无束地聊聊天，不用频频看手表；在剧院里，看一出自己喜欢的喜剧或电影，不必惦记任何人的阴晴冷暖……

我们所说的女人的"享受"，只是那些属于正常人的最基本的生活乐趣。可是，无数的女人已经在劳累中忘记了自己。其实，女人何尝不希冀"享受"？

女人背着自己的宝贝，一边煮牛奶，一边洗衣物。女人用沾满肥皂的手抹抹头上的汗水，说："现在孩子还小，等孩子长大了，我就可以好好享受一下了……"

孩子渐渐长大，要上幼儿园。女人不仅要领着孩子买菜做饭，还要在工作上做得出色。女人忙得昏天黑地，忘记了日月星辰。女人对自己说："不要紧，等孩子上了学就好了，松口气，就能享受了。"她们不知道，皱纹已经爬上了脸庞。

孩子升入了小学，女人变得更忙了。为了把孩子培育成一名优秀的人，女人陀螺似的转动在单位、家、学校、自由市场和各种各样的儿童培训班之间……在没有月亮的夜晚，女人吃力地伸展着自己酸痛的筋骨，问自己："我什么时候才能无牵无挂地享受一下呢？"之后，她又对自己允诺："哦，坚持住，就会好的。等到孩子大了，上了大学，或有了工作，一切就会好的。到那个时候，我就可以好好地享受一下了……"

孩子大了，飞出鸽巢。女人叹息着，现在，她终于可以享受一下了。可是，这时候的她，牙齿已经松动，无法嚼碎坚果；眼睛已经昏花，再也分不清美丽的颜色；耳鼓已经朦胧，辨不明悦耳音响的差别；双腿已经老迈，再也登不上高耸的山峰……出去的孩子又回来了，还带回一个更小的孩子。

女人突然觉得时光倒流了，她又开始了无尽地操劳。孩子开始牙牙学语了，只不过他叫的不是"妈妈"，而是"奶奶"……

女人就这样老了，终于有一天，她再也不需要任何享受了。在最后的时光里，她想到了在很久很久以前，对自己有过的一个许诺——春天，扎上一条红纱巾，到野外的绿草地上，静静地晒太阳，听蚂蚁在石子上行走的声音……"那真是一种享受啊。"说着，女人就永远地睡着了。

这样一幅女人享受的图画，忧郁而凄凉。很多女人在慷慨大度地向人间倾撒爱的时候，太不爱自己了。

记得在我上学的时候，妈妈皮肤白皙，看起来非常年轻。每次有什么好东西，妈妈都会留给我们吃。虽然爸爸脾气不太好，但她还是没有丢下我们，为这个家付出了很多，没有一句怨言。现在的她已经是满脸皱纹了，看着妈妈一点一点地老去，我心里有说不出来的滋味。

从现在开始，女人就要对自己好一点，不要把盘子里所有的肉，都夹到孩子的嘴边；不要把家中所有的钱，都用来装扮房间和丈夫，要留下一点时间和空间给自己；不要在计划节日送礼物的名单上，遗忘了自己的名字……*爱自己从现在开始吧！不要找任何等下去的理由！*

如果你从现在开始去接受自己，改变自己，疼爱自己，你的生活就会变得越来越美好；不管什么人，什么事情，你都能从容面对，能够坦然接受。

3. 女人，快乐是一种美德

大多数的女人都是感性的，他们喜欢把自己的心囚禁在一个狭小的天地里，被各种琐碎、烦恼、苦闷、忧郁湮没，总是为一点小事、一句话、一个忘记了的承诺，让自己的心变得敏感易怒，让自己的行为变得小气啰唆。当女人将所有的不快乐写在脸上的时候，即使你长得再漂亮，也不再美丽动人。

每个女人都希望自己的一生能够获得快乐，可是，生活中经常会有很多不愉快，很多人怎么也快乐不起来。每个女人都有虚荣心，会不由自主地去和别人的爱人、房子、车子等攀比，因此常有女人抱怨说：自己过得不顺心。从这些女人嘴里听到的永远是抱怨——抱怨工作，抱怨家庭，抱怨公婆，抱怨丈夫和孩子……在她们的眼里，似乎没有一件顺心事，传染给家人的都是生活的郁闷和压抑。可是，生活不是林黛玉，不会因为忧伤而风情万种。

（1）女人，快乐是一种美德

如果问你："林黛玉和刘姥姥谁快乐？"我相信，绝大多数的女人都会回答：刘姥姥快乐！从物质条件来看，刘姥姥和黛玉的生活境况可谓天壤之别，虽然黛玉在葬花吟里说："一年三百六十日，风刀霜剑严相逼。"但绝大多数都是林黛玉的心理感受，与吃喝都要发愁的刘姥姥相比，她的基本生存条件还是可以保障的。但是，为什么她没刘姥姥过得快乐呢？

《红楼梦》里，黛玉和刘姥姥有一段与花有关的描写：

> 周瑞家的给贾府的各位小姐送宫花，来到黛玉这里后，黛玉赌气说："我就知道，别人挑剩下的给我！"而刘姥姥呢？二进大观园的时候，头上被鸳鸯插满了菊花，却还自我解嘲说："我这头不知修的什么福气。"

这就是两种处世态度——刘姥姥比黛玉开朗洒脱，因此刘姥姥过得更快乐。黛玉却总是让心里的那点小疙瘩无限放大，当她得知宝玉另娶后，便哭哭啼啼、泪尽而亡。

生活不是林黛玉，不会因为忧伤而风情万种，更何况是物欲横流的当今。快乐的女人最自信！快乐是一种心态，是一种需要培养的生活习惯。有好脾气，才会有好福气！

做个平凡的女人，很好；做个美丽的女人，更好；做个快乐的女人，最好！大多数的女人都是感性的，他们喜欢把自己的心囚禁在一个狭小的天地里，被各种琐碎、烦恼、苦闷、忧郁湮没，总是为一点小事、一句话、一个忘记了的承诺，让自己的心变得敏感易怒，让自己的行为变得小气啰唆。当女人将所有的不快乐写在脸上的时候，即使你长得再漂亮，也不再美丽动人。

在我们的周围，有些女人或许没有迷人的外表，没有骄傲的资本，但是她们失意时不自怨自艾，顺心时不张扬，而是默默品味；她们羡慕别人，却不嫉妒别人；她们开心地工作、生活，由衷地赞美早上的阳光、傍晚的余晖、女友的时装、朋友的业绩、老公的品位；她们给孩子、给朋友最灿烂的笑容、最甜美的声音、最真诚的祝福，给人一种爽心悦目的感觉。

这些快乐的女人，可能没有骄人的身材，没有妩媚的笑容，没有温柔的气质……但就像是一片美丽的风景，摆在人们面前，激情涌现，热情真诚，让男人流连忘返。

*快乐是一种美德，不仅体现了自己对世界的欣赏与赞美，也给周围人带来了温暖与轻快。*古语说："爱人者，人恒爱之"。当女人以快乐的情绪面对别人时，众人的快乐也会恒久地聚拢在自己身边。有这样一个故事：

> 有一个相貌平平的中年人摆了一个卖油饼的早点摊儿，每天早晨营业的时候，摊前总是排满了客人。但隔壁一个同样卖油饼的摊子生意却异常冷清。为什么？
>
> 原来，老板只要一看到人就会笑得合不拢嘴，收到一块钱就像收到一百块钱一样，开心地左谢右谢。他这种快乐情绪感染了周围的每一个人，大家都愿意聚集在他身边。

性格阳光的女人，就像一个热光球，不仅能够自己发热，还能给周围的人带来温暖和惬意；一个阴暗的女人，就像一个冰窖，不仅自己不快乐，还会给周围的人带来烦恼和指责。

快乐的人是美丽的，也是最有魅力的。快乐是对自己的一种热爱，也是对他人的一种热爱。你可能不是最美丽的女人，但可以做个会微笑的快乐女人，要想做个魅力女人，就要不断地释放快乐，并带给别人快乐。

（2）快乐女人决定家庭的快乐

杨澜问比尔·盖茨："你在一生中最聪明的决定，是创建微软，还是大举慈善？"盖茨回答说："什么都不是，找到合适的人结婚才是！"

沃伦·巴菲特也说过："人生中最重要的决定是跟什么人结婚，而不是任何一笔投资。"选择伴侣不仅是选择一个人，更是选择一种生活方式。

女人承担着家庭中的众多角色，一个家庭的未来大多取决于女人。女人决定家庭的快乐，身心快乐的女人能够引领家庭朝着健康阳光的方向发展；悲伤消极的女人则可能导致家庭坠入深渊，甚至四分五裂。

快乐是一种美德，是一种影响力，是无可比拟的一种魅力。快乐女人通常都热爱生活、享受生活，虽然平凡却会生活得很滋润。她们善于经营温馨而浪漫的港湾，会处理好家庭关系，对老人知冷知热，对爱人体贴入微，对孩子关怀备至；如同冬日里灿烂的阳光，给老人带来温暖，给孩子带来温馨，给丈夫带来感动，给自己带来满足。如此，家庭如何能不快乐？

4. 小女人，是一种情趣

在婚姻中，男人与女人上演的不是对手戏，而是搭手戏。用他喜欢的方式，不仅会让他得到幸福，女人自己也会获得幸福。

女人是什么？亚当说："她是我的骨中之骨，肉中之肉。"就是这样的"骨中骨，肉中肉"的亲密，让潘石屹和张欣经历过风雨之后找到了彼此的真爱，参透了爱情的真谛。这里有一段鲁豫采访张欣的真实对话。

鲁豫："刚开始在一起生活的时候，你俩会吵架吗？"

张欣："特别多！我们俩个性都挺强，都很有主意，都觉得自己的想法对、别人的想法错，因此很容易出现矛盾，很容易吵架。"

鲁豫："你们的争执是讲道理式的吗？"

张欣："也有不讲道理的时候。当然，每次都是从讲道理开始，发现说不服对方，就不讲道理了。"

鲁豫："因为工作的关系而吵架，会不会伤感情？"

张欣："我觉得会。在家里，我们俩是夫妻；在办公室里，则是合伙人，这个角色不是那么容易转变的。在前两年的时候，根本把握不好这个分寸。时间长了，才找到了平衡点。

鲁豫："据说，有一次你俩吵架挺凶的。他去了日本，你则去了欧洲。"

张欣："对，那次比较严重。刚结婚的头两年，是最艰难的时候，基本上每天都要吵架。一是因为，婚后有个磨合期；二是因为，我们两人一起开公司，开始的时候特别难，要解决很多生存问题；再加上，我一共离开北京15年，回来后感到很不适应……各种因素都凑到一起，就很容易发生矛盾。但每次发生问题之后，我都会告诉自己：我还得跟他在一起。"

鲁豫："当时，你怎么能想得如此明白呢？"

张欣："冲动的时候，人们的第一个想法都是：别跟他在一起了，各走各的吧。可是，当你冷静下来的时候，再想一想：不跟他，怎么办？我觉得，还得回去解决两个人的问题。现在，我很理解婚姻的状态。其实，要想维持长久的婚姻，开始的时候就要把后路断掉——不能分开、离婚。很多婚姻为什么会解散？因为他们在很早的时候就把后路打开了，如果把后路封死了，绝大部分婚姻完全有可能走下去的。"

鲁豫："你们俩再见面的时候，就说：我们还得在一起？"

张欣："是的！我们俩抱头痛哭，场面就像是演电影。"

鲁豫："之后，就有了孩子？"

张欣："对！最后，我做了一个妥协，我说：首先，我们不离婚，还要在一起；其次，我们的婚姻要走到下一个阶段——有个孩子，我退一步，先下岗。结果，下岗后没多久，我就怀孕了。"

鲁豫："知道你怀孕以后，他表现怎么样？"

张欣："兴奋！我们两人都很兴奋。"

张欣成功地从大女人华丽转身为小女人，这里面，没有大女人的矫情，只有小女人的柔情。对于这点，女权主义者可能会嗤之以鼻，可是不管是男权主义还是女权主义，不可否认的是，我们之所以要付出努力和探寻，不都是为了追求幸福吗？既然向后退一步就能够得到幸福，为什么不快点转身。做个小女人，也是一种情趣！

5. 给他"被需要"的感觉

男人之所以要出轨，很多时候都是因为女人太能干，让他们觉得英雄无用武之力！家里没有用武之地，而外面却又有很多需要他的地方，因此"小三"就出现了。

杨澜说："男人的脸面特别的重要，哪怕周围一个人都没有，他跟你在一起，他也特别需要自己的女人崇拜自己。"男人需要被"需要"，只有被需要他们才会感受到极致的幸福。

虽然当今社会对"小三"深恶痛绝，可是男人们依然会在家庭的背后找"小三"，为什么？听听下面的这些男人是怎么说的！

男人一：

在我老婆的心目中，儿子、工作、爹娘，甚至家里的那条狗都比我重要。当我开始兴奋时，她会说："糟了，你给儿子的作业签字了吗？""对了，我还有份工作没做完，你先睡吧，我去做完工作再来陪你。"有时，刚要躺下去，她又会告诉你："今天还没遛狗呢。"……

我知道，"小三"跟我在一起是为了钱，但又有什么关系呢？至少，在她面前，我觉得我是堂堂正正的男人！

男人二：

不管是真心还是假意，至少她懂得知恩图报。不管是给她钱，还是送名贵礼物时，她会像个小兔子似的开心得蹦起来，又是吻我，又是感激的。可是拿钱给老婆，就像是例行公事，给了捞不到一句"谢谢"，给少了还得被老婆一顿审问。动不动就跟我说：××家男人怎么怎么有本事，××家前天又换了新房……她怎么像个周扒皮？

男人三：

每天在公司里，永远都有处理不完的事。回到家里，就想耳根清静清静。可是，老婆只要一看到我，就会没完地说："你妈今天怎么啦、你姐今天说什么啦、邻居又新买了什么东西了"……这些关我什么屁事，我就是想清静一下。

可是，在"老二"那里就不一样了。如果知道我要去，她就会精心地打扮一番。如果看到我脸色不对，就会问我："你肚子饿不饿？我煲好了汤给你留着呢。"有时，压力特大的时候，她还会拉着我一起喝喝酒，说说话。我不想说的，她从来不强迫我。

男人四：

其实，我也知道，在外面找女人风险很大，但是没办法，我在家找不着说话的人啊！我跟老婆说轻了，她听不懂，永远就一句话"我永远支持你！"说重了，她会哭得让你更心烦，你还得反过来安慰他！可是，跟情人在一起就不一样了！当我对她说话的时候，她会安静地听我说完，帮我分析，公司几次出现危机，都是她帮我出的主意。

上面这些都是男人找"小三"的主要原因，听了这些男人的述说，女人是不是也应该引起注意，想一想，我们是否也在不自觉地犯着同样的错误。如今，现代意义上的竞争，已经不局限在商场或职场上了，不管我们愿不愿意，竞争都已经进入到了我们的家庭。在我的朋友圈里，发生过这样一个真实的故事。

李军和妻子李敏是大学同学。那时，李军是班里唯一的山里娃，早已习惯了独来独往，一个人吃一份素菜。李敏偶尔会打两份红烧排骨送到他面前，后来就抢着替他洗衣服，再后来主动开口说喜欢他。毕业后，李敏求父母帮李军安排了工作，最后他们结婚了，波澜不惊地过到现在。

妻子没什么不好，可是无论在家里还是在单位都太能干，反而让骨子里传统的李军觉得，日子过得越来越无味。李军希望自己的婚姻模式和同事、同学的一样——男的拼事业挣钱，女的小鸟依人。

下班回到家之后，李军歪在沙发上看报纸。妻子一边炖牛肉汤，一边洗菜。李军从报纸缝隙里偷看她，她的头发剪得短短的，很没女人味；她身上穿的牛仔裤和休闲服，早已忘记是哪年哪月买的。

放下报纸后，李军逃一样地进了卧室，随手打开电脑，想"斗地主"，好熬到开饭时间。可是，很快就听到了妻子在客厅接电话的声音、剁排骨的声响、吱吱啦啦的炒菜声……这些一成不变的节奏和内容都让他从心底感到丝丝地厌烦。

那天，李军遇到一件让他很丢面子的事。上午的时候，李军和助理去一家公司洽谈业务，负责人的态度很傲慢，他知道这次肯定没戏，准备说些得体的结束语，结果助理突然指着负责人桌子上的一张报纸说："呀，是嫂子的文章。"

负责人低头浏览了一遍文章，抬起头时，脸上就堆满了平易近人的笑容："鼎鼎大名的李敏记者是您妻子啊？"李军横了助理一眼，点点头："是啊。"结果，下面的洽谈很顺利，顺利得让他心里很不是滋味——自己居然沦落到靠打着妻子的名号揽业务的地步了！

李军喜欢和不了解他过去的陌生人畅谈，从那以后他待在电脑前的时间越来越长。一段时间后，一个叫"蝶舞"的人成了他的固定聊天对象。李军意气风发地向她提起了自己事业上的成绩、小康的等级、旺盛的人际关系，这些都引来了她夸张的惊叹。李军觉得这个女人才是他心目中的理想女人，需要男人呵护，很有女人味。

私下里，他们见过几次面，在咖啡馆里，在林荫道上。李军喜欢她过马路时小心翼翼跟在他身后的神情，喜欢她穿着高跟鞋走下斜坡时的胆战心惊，喜欢她点菜时一副拿不定主意的神态。

妻子打算出差一个星期，她将李军的衣服洗干净，放在柜子里；同时，还买了很多吃的放在冰箱里。把妻子送上火车之后，李军直奔"蝶舞"家。

进了门之后，李军发现，客厅乱得超乎他的想象，茶几上是一袋袋拆开的零食，垃圾篓里堆满了果皮。一瞬间，他想起了窗明几净的家，觉得收拾这些应该很容易，于是便开始整理归类、打扫垃圾、做地板清洁……做完这些的时候，时间已经是傍晚，他腰酸背痛。

在这段时间里，"蝶舞"已经弄好了头发，化了个精致的生活妆，说："我来做晚饭。"可是，李军刚在电视前坐下，就听到厨房里传来尖叫声。原来，青菜没有控干水分，就被她扔进了沸腾的油锅里，四溅的油烫伤了她的手。

李军关掉冒着浓烟的油锅，帮她擦药膏，安慰了她将近半小时。李军觉得，"蝶舞"像只玻璃娃娃，很美丽，但不能碰，只能小心翼翼地捧在手里。夜幕降临后，李军从"蝶舞"家出来。他长长地出了口气——如果每天都这么过，我该是怎样焦头烂额？

想起任劳任怨的妻子，李军第一次有了丝丝地愧疚。这时，他接到了妻子发来的短信：明天是妈妈的生日，礼物在电视柜里，你帮我送去吧。

第二天下班后，李军带着礼物敲开了岳母家的门，陪二老吃了顿晚饭。饭后，他抢过碗筷走进厨房，发现冰箱上用磁铁粘了很多小菜单，什么鱼头豆腐、红焖羊肉、滑熘鳝丝等，都是他喜欢的菜名。岳母是个厨房高手，还用看菜单做菜？

这时候，岳母正好进来拿抹布，看到他盯着那些菜单，就说："这些都是那丫头搞的鬼名堂。她不会做菜，又担心你有胃病在吃饭上不能凑合，硬要让我给她写菜单。每次一回来，她都要照着菜单上的步骤做菜。我们老两口不知道已经吃了多少咸甜不对口的试验菜了。"

李军不知道自己是怎么回到家的，只是反复咀嚼着那些话，体会到了妻子的良苦用心。妻子之所以要选择他，并不是向他要房子、车子，她跟他在一起，主要是想替他分担，给他做伴。对于这一点，他今天才明白。

打开 QQ，"蝶舞"的签名换成了：我想要一只 LV 包包，我想要他说爱我。李军想跟她告别，可是一个字都没敲出来。他突然发现，以前的那些暧昧真的很无趣，便决定关闭 QQ。

睡觉时，李军揽过妻子枕的那只枕头，拥在怀里。伴着枕头上熟悉的洗发水味道，李军睡得很安稳，很踏实。

绝大多数的男人，从骨子里总会流露出一定的大男子主义倾向，不管做任何事，他们都不喜欢女人过多地抛头露面；尤其是在自己面前，他们不喜欢自己的女人表现出阳刚的性格，更不喜欢她处处强势，甚至成为不顾男人感受的"男人婆"。如果女人摆不正自己的位置，找不准自己的角色，男人通常都是不愿意接近的。即使娶回家后再演变成强势女人，他们也会选择合适的时机夺路而逃。

男人之所以要出轨，很多时候都是因为女人太能干，让他们觉得英雄无用武之地。家里没有用武之地，而外面却又有很多需要他的地方，因此"小三"就出现了。

婚姻没有固定的模式，谁做坚硬的牙齿和谁当柔软的嘴唇都不重要。婚姻里最重要的，是两个人相依相守，互相给予，一辈子都唇齿相依。

女人不坏，男人不爱

1. 女人味，是你永远最迷人的味道

女人不仅要温柔和妩媚，还要有母性的善良、关切、慈祥。女人最能打动人的就是温柔，知冷知热，知轻知重。他们理解男人的思想，体察男人的苦乐，只要轻轻一抚摸，就能给男人疲惫的心灵带来妥帖的抚慰。

女人"坏"一点，比漂亮的女人聪明，比聪明的女人漂亮！很多女人聚在一起的时候，都会讨论用什么样的化妆品，喷什么牌子、什么味道的香水。其实，女人最迷人的味道，不是香奈儿五号，不是迪奥……而是来自于女人身上的那股最原本的女人味。

女人味，到底是什么味？很多职场白骨精们说："在职场上，很多时候都会忘记自己是个女人。回家后，也反应不过来自己是个女人。"这就是为什么"女强人"的婚姻被认为是"不幸婚姻"的根本原因。

对于女人味，记得朱自清先生有过这样一段描述：女人有她温柔的空气，如听箫声，如嗅玫瑰，如水似蜜，如烟似雾，笼罩着我们。她的一举

步，一伸腰，一掠发，一转眼，都如蜜在流……女人的微笑是半开的花朵，里面流溢着诗与画，还有无声的音乐。

按照这种描述似乎不可理解，通俗地讲，我觉得，女人味大致应该有这样几种味道。

（1）女人味是一种品位

能凭自己的内在气质令人倾心的女人，是最有女人味的女人。没有品位的女人，不管自己如何修炼，都是浅显苍白的。

有女人味的女人乐于学习，天天看报，经常上网，并不会整天迷恋时尚杂志和八卦新闻；她们会广泛涉猎文史、哲学，偶尔会看些流行电影，但眼球不限于情节，能从中看到不一样的东西。或许，她们还会学学英语，练练书法，学习茶道，学习插花，练练瑜伽……广泛的兴趣爱好，会让她们形成内敛的心灵。

（2）女人味是一股香味

这种香味并不局限于身体散发出来的香，否则，一瓶香水就能解决了女人味。这种香味是一种自内而外散发出来的迷人气息，让人一看就觉得她是香的。她亭亭玉立，可以让这个灰色的城市变得灵性十足；她工作繁忙，却从来都不会愁容满面，再紧张也是微笑依然；她亲切随和，每个人都愿和她亲近，即使是最隐秘的情感问题也会说给她听；与她谈天说地，她经常会给你一些人生的启迪，让你沉静，教你努力，感受到生活的美好与希望。

（3）女人味是一种韵味

温柔是女人特有的武器！有女人味的女人都是柔情似水的，她爱自己，更爱他人。她是春天的雨水，润物细无声；她是秋天的和风，轻拂男人的脸庞；她以女人的特有情怀，放开胸襟去拥抱整个世界。

这样的女人不仅温柔和妩媚，还有母性的善良、关切、慈祥。女人最能打动人的就是温柔，知冷知热，知轻知重。他们理解男人的思想，体察男人的苦乐，只要轻轻一抚摸，就能给男人疲惫的心灵带来妥帖的抚慰。

（4）女人味是一股羞味

有女人味的女人说话从来都不会喋喋不休，做事也不会风风火火，待人更不会大大咧咧。不管做任何事，她们都能把握好其中的度，略显羞态。

这里的羞态并不是弱的表现，而是美的昭示，最能激起男人怜香惜玉的心理。她那矜持的动作语言，含情脉脉的目光，嫣然一笑的神情，仪态万千的举止，楚楚动人的面容，胜过千言万语。

有很多男士认为，女人被男士的勇敢表白逼得面红耳赤时，是最美的一刻。示"弱"是体现女人味的一个方法，过分暴露只会让你显得轻浮，让男人小看，适当地遮盖更能增加女人的神秘感。

（5）女人味是一股意味

女人味是神秘的、动人心弦的、不可捉摸的、深入骨髓的、令人意乱情迷的。它没有形状，没有定式，是一种润物细无声的诱惑；是一种若隐若现的美景；是一种朝思暮想的探究；是一种以少胜多的智慧。女人的一举一动、一言一语、一颦一笑都是至善至美的。

（6）女人味是一种风情

女人味还是一种风情，一种从里到外的韵律。穿着或绸或锦或丝的旗袍，露出美丽小腿，发髻高绾，风姿绰约，风情万种，这种东方神韵就像是古典的花，开放在时光深处，不会随着光阴的打磨而凋谢，妖娆、玲珑，令所有男人震撼。

（7）女人味是一股情味

女人味是一种挥之不去的情调！

有情调的女人，在锅碗瓢盆之外，还会把小家布置得玲珑有致，窗帘桌布花边流苏，窗明几净，即使没有鲜花，也会有个被她擦拭得一尘不染的花瓶。

2. 太太的首要职责，是当好先生的"红颜知己"

"红颜知己"首先是红颜，然后是知己。和男人在一起，她们的精神是独立的，灵魂是平等的，这样才能够和男人达成深刻共鸣。在她们面前，男人不需要逞强、更不必虚伪。这样的女人一般都善解人意，理解男人希望得到共鸣的思想，可以实时地给予意见或建议，能够开解他、抚慰他，能够让男人感受到比情欲之爱更深、更震撼的长久感动。

所谓的"红颜知己"，既是一种在精神上高于妻子的爱情形式，也是一种可以在意识形态上交流共知的思想情人，更是一种灵魂交流胜于肉体交流的精神伴侣。正是因为"红颜知己"的存在，男人才不会自命清高。

很多人认为，"红颜知己"一定是不能生活在一起的精神伴侣。可是我认为，作为妻子，你的第一职责就是成为老公的"红颜知己"，而不是传统意义上的老婆，更不是母亲，甚至保姆。因为，对于老公来说，他已经有母亲了，还有一个丈母娘，这两个妈早已足够，而保姆，只要经济条件允许，是很容易解决的。而"红颜知己"则是可遇不可求的。

为什么说做老公的"红颜知己"是当代已婚女性的第一职责？道理很简单！因为男人内心深处想要的那个女人，就是那个既是红颜又能成为知己的女人，你胜任不了，就会有人来替代你。现在不会，但说不准将来哪天会。

　　要想做男人的"红颜知己"，最重要的就是要恪守界限。当男人卧病在床的时候，拉着他的手慌张无措的那个人必是老婆。她怕他痛，怕他死；恨不得替他痛，替他死。可是，遇到同样的情形，"红颜知己"却不会哭，她只会站在床头，静静地凝望着男人，阅读他的心灵，然后用她的嘴，她的眼，她的心告诉他：我知道你痛在何处，我理解你，愿意为你默默分担。二者的本质区别清晰可见！哭，是因为爱你；不哭，是因为懂你。

　　"红颜知己"有三种境界，第一种境界是《诗经》中的"蒹葭苍苍，白露为霜，所谓伊人，在水一方"，这是一份可遇而不可求的机缘。因为距离的存在，便将所有的美丽收于一身。通常情况下，老婆占有男人，情人分享男人，而"红颜知己"则塑造男人，她会充分挖掘男人的潜力，让男人得到不断的完善，帮男人完成自己的使命。所以，第一种境界的"红颜知己"是男人的另一个魂灵，时而近在咫尺，时而在水一方，但男人却能感受到：她不见得赞成男人的人生观和价值观，但绝对尊重他、相信他。

　　第二种境界的"红颜知己"，就是跟男人一起点燃生命之火的那只温存的手。因为她的存在，男人的人生才会变得丰盈起来。因此，"红颜知己"通常都是无人能比的绝代佳人。遗憾的是，大多数女人还做不了"红颜知己"，而男人欲望的陷阱也让女人做不成"红颜知己"，因此虽然开始的时候很多女人都想扮演"红颜知己"的角色，最后却只能沦为情妇或走向陌路。能成为男人"红颜知己"的女人，定然是女人中的精品；能拥有"红颜知己"的男人，必定是男人中的智者。

　　第三种境界的"红颜知己"，指的就是亲密、诚挚、默契、能够相互理解的朋友。和男人在一起，她们的精神是独立的，灵魂是平等的，能够和男人达成深刻共鸣。在她们面前，男人不需要逞强、更不必虚伪。这样的女人一般都善解人意，理解男人希望得到共鸣的思想，可以实时地给予意见或建议，能够开解他、抚慰他，能够让男人感受到比情欲之爱更深、更震撼的长久感动。

*在婚姻、爱情里，你可以是男人的枕边人，不仅是相爱一生的伴侣，更是事业学术上彼此理解、扶持的知己。*有时，在人生的某个阶段，配偶总有一段时间会成为男人的知己。有些人虽然婚姻解体了，却跟原配更交好，为什么？主要原因就在于，当爱情的热度逐渐消失之后，他们仍然没有停止沟通和交流，给予了彼此人道意义上的信任、关怀、体贴和理解，一个能够这样理解并关怀男人的女人，自然就会被称为"红颜知己"。

在婚姻里，如果距离太近，彼此的缺点就会暴露无遗，就会失去与对方沟通的良好愿望，于是心灵的距离就会越来越远，怎么可能相知相悉、同声相应？要想成为男人的"红颜知己"，就要不断历练、丰富自己的心灵。

3. 亲密需要距离，拥抱需要呼吸

爱情就像沙子一样，并不需要刻意去把握，越是想抓牢，越容易失去。一旦失去了彼此间应该保持的宽容和谅解，爱情也会因此变得毫无美感。如果希望自己能永远拥有幸福美满的爱情，就要用一捧沙的情怀来对待自己的爱情，好好珍惜，好好把握！

"距离产生美。"没有距离的亲密不会长久，无法呼吸的拥抱让人窒息！在欣赏自然美、社会美和艺术美等的过程中，人与人之间必须保持特定的、适当的距离，比如：时间距离、空间距离和心理距离，否则就会影响和削弱审美主体的审美效果。

美学的审美距离论认为，审美主体要想对审美对象获得最佳的审美感受，必须把握好审美的时间距离，处理好审美时间的早与晚、快与慢、长与短、远与近的关系。

"不识庐山真面目，只缘身在此山中。"这句古诗告诉我们，距离太近，是领略不到事物的整体美的。如果距离太远，看不清事物的细微之处也很难欣赏到事物的美。心理学研究表明，人与人总是处在一定的空间距离的位置关系上，这种空间关系在特定的环境中传递着不同的心理感受，在关系友好时，人们会彼此接近；当对立或关系疏远时，会保持一定距离……所有的这些都说明：在审美活动中保持适当的空间距离是非常必要的，必须把空间的远与近有机地结合起来。

其实，"距离产生美"并不是现代才有的，早在商代就已经有了这样的典范。商代的武丁和妇好，不但是感情方面的夫妻典范，也是事业方面的伙伴。为了管理自己的封地，妇好经常要离开王宫，到自己的封地去生活。可是，妇好虽然经常会因征战和理政与武丁分别，但是仍然为他生儿育女。这应该是最早意义上的距离产生美的概念了。

（1）爱情是一捧沙

　　一个即将出嫁的女孩，向母亲提了一个小问题："妈妈，结婚之后，我该怎样把握爱情呢？""傻孩子，爱情怎么能把握呢？"母亲诧异地问。

　　"爱情为什么不能把握？"女孩疑惑地追问。母亲听了女孩的话，温情地笑了笑，然后慢慢地蹲下，从地上捧起一捧沙子，送到女儿面前。

　　女孩发现，那捧沙子在母亲的手里，圆圆的，满满的，没有流失一点，没有洒落一点。接着，母亲用力地将双手握紧，沙子立刻从母亲的指缝间泻落下来。等到母亲再把双手张开时，原来的那捧沙已经所剩无几了，其圆圆的形状也被压得扁扁的，一点也不美了。

女孩望着母亲手中的沙子，似乎领悟到了什么，默默地点点头。

爱情就像沙子一样，并不需要刻意去把握，越是想抓牢，越容易失去。一旦失去了彼此间应该保持的宽容和谅解，爱情也会因此变成毫无美感。如果希望自己能永远拥有幸福美满的爱情，就用一捧沙的情怀来对待自己的爱情吧，好好珍惜，好好把握！

（2）谁都无法占有谁，更不能改变谁

恋爱中的人，通常都喜欢说这样一些话："你属于我，我属于你""你是我的一半，我是你的一半"。这种爱的语言虽然表达了彼此的情感，但也会埋下悲剧的种子。

很多相爱的人感情破裂时都会说："我们性格不同，兴趣不一，志向相异。"为什么非要相合、同一呢？世界上没有两片树叶是相同的，也没有两片雪花是一样的，怎么会有两个相同的人？夫妻之间不是互相欣赏、互相尊重，而是互相改造、互相占有，爱情就会变味，这时候离离婚也就不远了。

我在一本书中曾经看到过这样一句话：情侣之间之所以会产生争执，主要是因为他们把爱当成了一把雕刻刀，每时每刻都想用这把刀把对方雕塑成心中的样子。其实，只要稍微留心一下身边的生活，就会发现，在很多人的手中都持有这样一把刀，都在依照"你是我的一半"的原理精心雕刻着自己的爱人，可是谁愿意被雕刻成一个失去自我的人呢？于是，结局自然就是分手了。

每个人都是独立的、完整的人，都有自己独特的"兴趣"和"个性"，都是一件独具风格的艺术品，而不是等待雕刻的"石头"或"泥土"。爱是一种欣赏，而不是占有和改造。当你欣赏一件艺术珍品、一节美妙的乐

曲、一篇优美的文章，或一幅让人沉醉的山水画卷时，你的心定然会被陶醉。爱情中，双方如果都互相欣赏，就会沉浸在无限的幸福快乐之中；而占有或改造式的爱情只会让对方感到痛苦，谁愿意要一个手持雕刻刀要雕刻自己的爱人？

　　爱情，应该像阳光一样，时刻围绕在你的身边，让你感到温暖和光明，而不是约束你。不要再对男人说"你属于我，我属于你"，我不是一半，你也不是一半，大家都是完整的人。我们需要的是友谊和爱情，不是牢笼和枷锁。我们需要人生路上的同行者，和自己一起谈笑风生地走过时而平坦、时而坎坷的人生之路。

　　我不是你的一半，你也不是我的一半；我不属于你，你也不属于我！男女同属于自己，不要奢望去改变谁，只要两个人相互影响就可以了。

好老公是被崇拜出来的

1. 好女人是疼出来的

很多女孩说，自己不敢生孩子。即使是在网上看到关于女人生孩子的图片，也会胆战心惊，魂飞魄散。可是，女人需要怎样的勇气才能孕育一个生命，这是男人无法想象的！我们应该感谢那些心疼女人的男人。男人，不要让女人含着泪去看你笑，能让女人幸福地说："幸运、幸亏遇到你"也是一种不小的成功。

一个原本温顺的女人突然变得泼辣，一定是男人不争气，她不得不出头。一个纯洁、清高的女人突然之间变得恶俗，一定是男人的级别不高。相反，原本平庸的女人相貌突然变得可爱，眼睛变得有灵光，举手投足变得有风度，一定有一个好男人……由此可见，女人的美有男人一半的功劳，女人的丑也有他一半的过错！

婚前，小韩是一位相貌平平的邻家小妹，可是结婚十几年后，虽然已经是两个孩子的母亲了，每次同学聚会都会让同学们感到无比惊讶。女同学都不放过她，经不住她们的软磨硬泡，小韩如实地招了。

一天深夜，小韩睡在老公身边，香香地做着美梦。老公不知怎么了，"呼"地一下坐起来，小韩立刻被吓醒了，还没来得及问他怎么了，被窝里便伸过一双手来。摸到小韩还在，老公便长长地呼了一口气，重新躺倒，很快又发出了重重地鼾声。

小韩和老公结婚12年，很多事情都顺理成章地成了左手牵右手的平淡。那些最初的小感情、小悸动和小情绪，很长时间都没有了。在这个温暖的夜晚，小韩忽然想起了老公的很多好。

只要一入冬，小韩便会手脚冰凉，每天晚上老公都会习惯性地将她的手放到自己的腋窝下，这时候小韩就会像肉团一样被他搂在怀里。那一刻，小韩觉得，老公比想象中更爱她。

每次出门游玩，人多的时候，老公总会把小韩圈在身边，胳膊始终是半张的姿势，以确保身边的人不会挤到。那一刻，小韩觉得，老公比想象中更爱他。

锅碗瓢盆的日子，总会有架吵。每次吵架，只要到了白热化的程度，他都是第一时间跑到门口，占据位置，以确保小韩不会气急败坏地跑出家门。那一刻，小韩会觉得，老公比想象中更爱她。

老公出差，原本需要一周，第五天便处理完事情早早跑回家来。听到敲门声，小韩激动地打开门，结果却挨了他劈头盖脸的一顿训："也不问问是谁就开门，万一是坏人呢！"那一刻，小韩会觉得，老公比想象中更爱她。

晚上，小韩窝在沙发上看电视、嗑瓜子。十几分钟后，老公把手摊过来，手心里都是剥好的瓜子肉。那一刻，小韩会觉得，老公比想象中更爱她。

……

听了小韩上面的这些自述，女人们一定会羡慕不已。其实，这些都是女人想要的：不图荣华富贵，不图安逸享乐，只愿身边男人可以细微、真心、无私、真诚地呵护自己、珍惜自己。只要有这些，生活艰难又如何？只要女人从男人那里获得了依靠的信心，还会怕什么？

在我们身边，很多女孩说，自己不敢生孩子。即使是在网上看到关于女人生孩子的图片，也会胆战心惊，魂飞魄散。可是，到妇产科的附近去看看，我们都会更加感激把自己带到人世间的母亲。女人需要怎样的勇气才能孕育一个生命，这是男人无法想象的！

因此，我们应该感谢那些心疼女人的男人。男人，不要让女人含着泪去看你笑，能让女人幸福地说"幸运、幸亏遇到你"，也是一种不小的成功！

2. 好男人是被崇拜出来的

男子汉大丈夫，一个"大"字，道出了男子汉气概豪迈的志气，海纳百川的大气，临危不惧的底气，凡事独当一面的霸气，意志坚定的骨气。只有这些看似过分吹嘘的话语才能让男人挺起脊梁，昂起头颅，骄傲地生存在这个世界。

男人生来就是用来崇拜的，无论他的社会角色多么卑微，回到家里，在自己的女人面前，一定要受到崇拜，才能骄傲地活着。即使是在田地里耕作的农夫，晚上收工回到家里之后，也会冲着屋里的妻子喊："喂，快帮我把犁具卸下来，累死我了，今天刨了六分花生！"在我们身边，很多智慧的女人都深谙崇拜老公之道，比如：周晓光。

新光饰品的董事长周晓光，就是一个深谙夫妻之道的聪慧女人。她不仅将自己的事业发展得如日中天，还将婚姻生活经营得有声有色，让人羡慕。她是如何做到这一点的呢？夸！

在《财富人生》的一期节目中，主持人叶蓉开门见山地问周晓光："在公司里，您是一把手，您先生是二把手，是不是您的能力比他大？"

周晓光笑了笑，说："不是这样的。我老公非常务实，非常能干，不管是在家庭中，还是在企业中，他都治理得非常好。五个妹夫，性格都不同，但他都能给带起来。他很无私，从来不会将最赚钱的路线安排给自己，都是安排给别人。我17岁就会绣花了，但他比我绣得还好；在过去，我舍不得买10块钱以上的衣服，10块钱以上的衣服都是我老公给我买的；我的幸福指数应该是满分，我找了一个好老公……"

主持人叶蓉问周晓光："做出成立公司这一决策时，你的心情怎样？"周晓光说："是老公给了我坚定的信心，他说，凭着我们夫妻俩的人品和人缘，是完全可以成功的。如果失败了，我一个人卖菜也能养活一家人。就是他的这几句话，减轻了我的负担。"

周晓光的聪慧之处就在于，她时刻都没有忘记强调自己的丈夫多能干；而且，还把自己目前所得到的一切都归功于自己的丈夫。

男子汉大丈夫，一个"大"字，道出了男子汉气概豪迈的志气，海纳百川的大气，临危不惧的底气，凡事独当一面的霸气，意志坚定的骨气。只有这些看似过分吹嘘的话语才能让男人挺起脊梁，昂起头颅，骄傲地生存在这个世界上。杨澜更是不失时机地在各种场合崇拜一下她的老公吴征。

2011年，《杨澜访谈录》创办十周年，她开了一个派对，邀请了马云、冯小刚、李连杰。其中，有一个互动节目，让嘉宾回答同一个问题：在你的经营理念中，哪一条最适合于婚姻？

马云说，是乐观和信任。婚姻和企业一样，会遇到很多麻烦，失去了乐观和信任麻烦会更多。

杨澜和台下的吴征对视了两秒，说："有时候，欣赏比奖金更重要，我老公就是这样对我的。"

在企业管理中，通常都会涉及授权与激励，在婚姻经营中更是如此。这里的"激励"即是夫妻双方的"崇拜"和"欣赏"。在中国，不管你愿不愿意承认，男人的爱俯视而生，女人的爱仰视而生。在男人的心目中，女人是不需要以美貌、温柔、才识、聪明、财富、地位、名誉、社会关系等做资本的，如果男人不能从女人那里获得崇拜感，对他来说，从女人那里得到的任何东西都是黯然无光的。

当男人发现，女人从来都不把自己当男人看的时候，会感到无所适从；甚至会认为，自己在这个世界上活得懊丧消沉、没有颜面、没有尊严。不要以为，女人多抛几个媚眼就可以征服男人的心，要用崇拜的目光来仰视你的男人！这样的女人才够聪慧。

不忘初衷，方得始终

1. 两粒砂的爱情

　　爱就是一种相守，在这个世界上，你可以放弃很多东西，只有爱是需要用一辈子相守的。人生，不管被赋予了多么崇高的使命，简单相守，永远是我们最大的幸福！

幸福就是，早安后的早餐到晚餐后的晚安，你都在。

　　很久很久以前，在幽深的海底躺着两粒砂粒。它们俩之间有两尺的距离，一粒砂粒爱上了另外一粒。它每时每刻都在凝视着自己的"意中人"，平安幸福地度过了很多年。

　　水下风平浪静，砂粒觉得自己很幸福，因为它知道，自己已经找到了自己的所爱，可以让自己凝视。不管水面上发生了什么事，它们都能四目相望，这已足够。

　　一天，沙滩上现出了恐龙的脚印。潮水涌过之后，脚印便消失了，没有留下任何痕迹。所有的这一切都和生活在海底的砂粒没有关系，可是就在这一刻，它忽然冒出了一个念头：要到自己的"意中人"面前对它说"我爱你"。于是，砂粒开始了漫长的旅途，它一点一点地滚动着，不管是细如发丝的暗流，还是鱼儿们搅起的微弱旋涡，它都将其作为前进的动力。

后来，沙滩上的脚印换成了剑齿虎的。同样，这种生物的印记也被潮水无声地抹去了。这时候，砂粒距离"心上人"只有三寸了。

再后来，沙滩上出现了人类的脚印。当潮水再一次将这些脚印抹掉的时候，砂粒终于来到了"意中人"面前。它痴痴地看着自己的"意中人"，觉得自己是最幸福的！两粒砂互相看着，砂粒终于打算将自己的心里话说出来。可是，就在这时候，一股水流涌来，在巨大的吸力作用下，砂粒漂起来了，最后被吸进了一个洞里。洞口合上了，一片黑暗，砂粒知道，自己被一个蚌捕获了。

在接下来的时间里，蚌偶尔也会张开壳，这时候砂粒就会看到"意中人"也在不远的地方凝视着自己。一想到在光阴无法侵袭的海底，"意中人"在等待自己，砂粒就会觉得，世界是美好的。

一天，砂粒忽然觉得蚌有一点摇动，不久蚌壳便张开了，映入眼帘的是海面、阳光、船和人类。人类用异常惊喜的眼神看着它，它看了一下自身，发现自己已经变成了珍珠。圆润硕大，是无价之宝。

很快，珍珠就被镶嵌到了王冠上。已经变成珍珠的砂粒觉得很悲哀，但并没有绝望，因为它知道，"意中人"还在海底痴痴地等待着它。

不久之后，国王去世，王冠用来陪葬。当王冠被放到棺材里的时候，它听着墓穴门被关上，心里想的却是在海底等待自己的"意中人"。后来，墓穴被打开了，两个盗墓者偷走了王冠。不幸的是，在河边，它们两人为了这粒最大的珍珠发生了激烈的争斗，双双死亡，珍珠掉到了河边。

砂粒知道，世界上的河水最终都要流到海里，心中顿时就燃起了一种从未有过的希望。很快雨季就来了，可是来临的不是河水而是泥石流，珍珠被埋到了浅浅的地下。砂粒非常失望，可是它知道自己还有机会，因为陆地是运动的，而且比自己快得多。

漫长的岁月过去了，珍珠层被剥离，砂粒又露出了自己的本色。它觉得自己很干净，可以一尘不染地去见"意中人"了。这天，头顶上传来了沉重的隆隆声。砂粒和其他石头、泥土等一起被扔到了一个酷热的罐子里。这时，它才发现，自己是一粒金砂。很快，它就和其他金子被融合到了一起，炼成了金砖，运到了一个金库。想起海底的"意中人"，砂粒心如刀绞。但它安慰自己说：还会有机会的，说不准哪天我还会变回一粒砂，重新回到大海。

一天，含有砂粒的金砖被取了出来。金砖被制作成了唱片，记录下了地球上的各种声音和语言，包括大海的波涛。直到唱片被安装在火箭里的时候，砂粒才觉得有些惊慌。它问身边的同伴："我们这是要去哪里？""要飞向宇宙，向其他可能存在的智慧生命传达地球人类的信息。"其他砂子骄傲地回答："不是每个砂子都有这样的机会的。"

火箭发射了！砂粒看着自己离地球越来越远，忽然明白了，自己永远也不可能回到大海了，永远也看不到自己的"意中人"了。它虽然拥有令人骄傲的历史：曾经它是世界上最美丽的珍珠、最纯的黄金，现在它是一粒飞上宇宙的砂粒……可是，和所有的一切比较起来，它更愿意在海底做一粒砂，即使在自己所爱的砂粒身边待上一个小时也行。

宇宙空间中，突然传出了一粒砂的哭声，慢慢飘荡着，良久不绝。

这是一个令人感动的故事。最浪漫的爱情是相思，最好的爱情是相守。

当相思不再浪漫，爱情最美最好的姿态莫过于平平淡淡中的相知相守、坎坎坷坷中的不离不弃。

爱就是一种相守，在这个世界上，你可以放弃很多东西，只有爱是需要用一辈子相守。人生，不管被赋予了多么崇高的使命，简单地相守，永远是我们最大的幸福！

2. 越简单越快乐

幸福，如同饮一杯淡而无味的白开水，就能满足人对水分的需求一样简单。走过漫漫的一生，有时候会突然发现自己的生活如此平淡，所有的日出日落、寒来暑往没有什么区别，一切的欢笑、泪水竟然相同，没辉煌之处，浑然不知地穿梭在每一个平凡的日子中。

老夫妻退休之后，平时最大的消遣就是看电视，他们会一起讨论当天的新闻，会在周末守在电视机前，等待晚上八点开始播放的电影。

女儿非常孝顺，知道父母喜欢看电视，便对他们说："爸，妈，你们现在看的电视只有三个频道，我帮你们申请有线电视吧。不但有上百个频道，还有 24 小时播放的电影呢。"老夫妻一听，连忙催促女儿请人安装。

可是三个月之后，女儿却接到了父亲的电话："我跟你妈商量了一下，想拆掉有线电视。""为什么？"女儿感到十分诧异。

"说也奇怪，"父亲说，"以前电视只有三个频道，我们觉得许多节目都很好看；有了一百多个频道后，我们反而拿着遥控器转来转去，不知道该看哪个台了。"

父亲又说："以前，只有星期六可以看电影，我们总是很期待；

现在 24 小时都能看电影，我们却无法静下心坐下来收看。只有拆掉有线电视，才能找回看电视的乐趣。"

我们总是期待拥有更多，却从没想过拥有太多会让我们麻木，最后对一切都失去兴趣。生活，有时就是一碗炸酱面、一根黄瓜、一杯清茶足已。

幸福，如同饮一杯淡而无味的白开水，就能满足人对水分的需求一样简单。走过漫漫的一生，有时候会突然发现自己的生活如此平淡，所有的日出日落、寒来暑往没有什么区别，一切的欢笑、泪水竟然相同，没有辉煌之处，浑然不知地穿梭在每一个平凡的日子中。

对于爱情而言，全世界最幸福的童话，不过是一起度过柴米油盐的岁月。

3. 相濡以沫是不离不弃的义气

对于爱情来说，最难的，不是永葆激情，而是在经历了生活的磨难和岁月的消耗之后，还能够手牵着手彼此欣赏。在我们的周围，很多女人结婚时，对婚姻都会有许多期盼，期盼从中可以得到很多东西，比如：爱情、快乐、幸福、健康等。可是，婚姻需要付出，需要爱，需要彼此欣赏。

一个妻子给大学时候的闺蜜写了一封信，讲述了自己和丈夫之间的关系，信中有这样一段话，耐人寻味：

如果我抱怨说自己很辛苦，他就会坚强地来安慰我。渐渐地，我便养成了习惯，他也养成了习惯，正如他过去一直习惯于寻求我的安慰与支持一样。开始的时候，里面也有一些刻意的成分，只不过时间长了，竟然变成了一种难以自制的依赖。原来，自己究竟是弱者还是强者，都在于你自己愿意选择什么样的角色去扮演。习惯了，自然就会成为那个形象。

对于爱情来说，最难的，不是永葆激情，而是在经历了生活的磨难和岁月的消耗之后，还能够手牵着手彼此欣赏。在我们的周围，很多女人结婚时，对婚姻都会有许多期盼，期盼从中可以得到很多东西，比如：爱情、快乐、幸福、健康等。可是，婚姻需要付出，需要爱，需要彼此欣赏。

今天，很多人都称赞刘涛是位"贤妻"，其实她从未奢求要过得完美，只希望双方尊重婚姻。刘涛的婚后生活险象环生，完全超乎了她的想象，也许正是这些出乎意料的曲折，才让刘涛变得越发坚强，练就了她的贤妻范儿。

刘涛觉得，要想做一名贤妻，底线是什么？不是挺老公，哄婆婆，斗小三，而是保住妻子这个职称。没有了男人，你就做不成妻子，再贤惠也顶多是个贤女、良母。可是结婚之后，没过多长时间，她便遇到了问题。

在2008—2009年，全球爆发了金融危机，王珂的生意在国内外接连受到重创。那时候的王珂只有29岁，青春霸气，一意孤行，结果全面溃败。一夜之间，人们便将矛头对准了他。这种打击是毁灭性的！树倒猢狲散，不到30岁王珂很快就亲历了人性中最丑恶的一面，好友反目、众叛亲离。

当时，刘涛住在美国，王珂每月都要往返多次。面对巨大压力和时差，王珂出现了严重的失眠和头痛，接连几天都睡不好觉，只好混合服用安眠、镇痛药，持续了半年多的时间。那时，王珂一回到北京就会将自己关进漆黑的卧室里，不见阳光、不出房门、很少吃饭。刘涛觉得，老公需要调整时间和空间，便没有干预。可几个月过去了，情况并没有改善。

每次王珂来到美国洛杉矶，也是整天昏睡，经常半个月不出卧室，即使醒过来也要吃药接着睡；时常会胡言乱语、脾气暴躁、乱摔东西，甚至痛哭流涕，心情不好的时候甚至还会发疯似的抓起桌子上的杯子砸自己的头。

刘涛意识到了事态的严重性，找到了老公扔掉的药盒，上网一查才发现，他服用的药都是药性特强且副作用极大，比如：安眠安定类药、精神药物和治疗晚期肿瘤病人的止痛药。那时，刘涛还不知道王珂面临着怎样的困难和痛苦；更不明白，老公之所以要吃药，主要是想赶快睡去，逃避开那些人性的丑恶。

她劝王珂少吃一些药，可经常会换来一番恶语。每次一回到家，刘涛都能看到一个躺在床上死气沉沉的人。在很长的一段时间里，她觉得，自己就像是和一个快要死去的病人生活在一起。

很快，在她身边就出现了质疑的声音：你过着这样的生活，守着这样的人，值不值？同时，有时候刘涛早上醒来之后，会在床头发现一纸离婚协议：所有的都归你，散了算了。可是，对于王珂，刘涛还是很了解的。她觉得，自己既然选择了他，就不能放弃，就算所有的人背弃了他，至少还有她陪着他。刘涛决定用自己的行动让那些人闭嘴，她要让那些人看看，自己是怎么和王珂共患难的。

首先，刘涛决定，不能再让王珂这么吃药了！她开始偷偷记录他的用药用量。有一天，刘涛竟然从垃圾桶翻出一百多粒安眠药和一百多粒止痛药，她清点之后发现，王珂竟然在一天内吃掉了200多颗药！刘涛吓出了一身冷汗。因为即使是没有常识的人也知道，如此剂量随时能要了他的命。刘涛求助专业医师，软硬兼施，斩断药源，然后偷偷把老公的药一点点地换成了特制的维生素，还有医生给的替代药品。

在那段时间，刘涛就像是一个药物专家。在王珂清醒的时候，刘涛会跟他讲道理，讲他们的孩子，讲她小时候的傻事，讲社会上的趣事，讲人的真善美，讲别人对他的赞许，讲他最忠实的朋友对他的期待……状况好的时候，王珂也抱着刘涛默默流泪，像个受了委屈的孩子。

由于药被刘涛掉包，摄入药量骤减，王珂的睡眠质量更差了。他经常会跑到急诊求大夫给他更强力的药，让私人医生给他打麻醉针。刘涛委婉地告诉医生，他出现了药物依赖，不能再依着他，否则后果严重。

那一段时间，虽然刘涛已经怀孕在身，依然会硬拉王珂去散步、去看球、去拜佛；或者请最好的朋友来陪他聊天；王珂爱看电影，刘涛就假装看不懂让他给她讲，然后一通猛夸；为了分散他的注意力，她还挺着肚子陪他回国到丽江看雪山，到三亚看海，到坝上看草原……刘涛觉得，只有两人在一起才是一个完整的家，财富名利都可以不要。

就这样，慢慢地，事情好像有了好转，可没想到在刘涛的分娩日发生了危险。孩子是凌晨三点左右出生的，王珂一直陪着，当刘涛从产房出来被推到病房途中的时候，"扑通"一声，王珂突然昏倒在地上不省人事。产科医生和护士马上冲过去施救，场面顿时乱成一片。

王珂在地上不停地抖动着，口吐白沫，四肢抽搐缩成一团。护士连忙去叫急救室医生，等急救医生赶来时他已经一动不动了。医生边抢救边问刘涛："他有什么病史，是不是有癫痫？"虽然那时刘涛的麻药还没散去，但她心里明白，便使出全身的力气和早已烂熟于心的英语说："他药物依赖，应该是戒断症状昏迷或者是药物过量了！"

医生不停地给他做心肺复苏，做了几次没什么反应；另一个推来了一种电击器，放到了他的胸口，"3、2、1"电了一下，他随之一震。然后，就听医生边喊"Mr. Wang"，边把他抬起送进了急诊室。

刘涛刚出产房，全身无法动弹，心急火燎，只能被推回病房。她觉得，自己不能给家人打电话让他们干着急；可又一想，如果他真要一去不回，怎么向家人交代？刘涛思绪万千，万念俱灰，都没顾上看一眼刚出生的孩子。

刘涛让月嫂跟着去急救室看看，随后得知，人已抢救过来但仍在昏迷，还有危险，需观察。等到自己麻药散去的时候，刘涛便不顾阻拦立刻坐轮椅去找王珂。医生对症救治，这时候的王珂已恢复了意识，面无血色地瘫在那儿。刘涛轻声叫他，他缓慢撑开一条眼缝，说："刚刚我好像掉进一个黑洞里，洞口的光越来越小，只听有人在不停喊我的名字，但声音仿佛很远，发生什么了，老婆？"

这时，刘涛才意识到，差点失去自己的最爱。她连忙跟医生交流，又找来一个朋友照顾他，一切安排妥当后，刘涛感到伤口剧痛，四肢无力，然后就瘫倒在了轮椅上……一家人分别在各自病房休息三天后，在医生的准许下，三口人终于出院了。当时，来接他们的司机看傻了，说："到底是谁生孩子？"后来，他们才确定，那是一次很严重的阶段反应，对药物依赖者十分危险。刘涛很庆幸，老公是昏倒在医院里。

然后，刘涛开始坐月子。说是刘涛的月子倒像是王珂的月子，每天刘涛都要安排阿姨给他煲汤，帮他按摩，给他进补。从那以后，王珂就不再吃药了，他说："我想通了，死都死过了，有你和孩子在，还烦什么呢？"之后，随着元气的恢复，王珂便慢慢开始工作。

刘涛将自己的所有积蓄都拿出来，虽然只见冰山一角，但人在就有希望。渐渐地，王珂又开朗起来了。为了巩固王珂的恢复成果，刘涛带他去了欧洲，那里没什么熟人，两个人没日没夜地开车，这可是王珂最喜欢的运动。

他们从法兰克福开到威尼斯，从威尼斯开到罗马，从罗马开到摩纳哥、巴黎，接着又开到瑞士。到达瑞士的时候，王珂一直肿裂流脓的腮部也痊愈了，毒排得差不多了。当他们在瑞士小村里看着导航决定下一站要去哪里时，王珂突然对刘涛说："老婆，谢谢你陪我，我们回家吧！我好了，我们共同努力一定能闯过去。"

之后，王珂就变成了150斤重的胖子。和两人刚遇见时那个玉树临风一尘不染的王老板判若两人，他再也不开着劳斯莱斯满街得瑟找烤串了，也不穿着正装人模狗样地混拍卖晚宴了，还把办公室里挂着他最喜欢的"天低吴楚"四个大字送给了与之相称的人。

现在，王珂每天起得早睡得好，健身打球，吃嘛嘛香，小本买卖重打鼓另开张，时常带着两个孩子出游，晚上到剧组来接刘涛回家。虽然刘涛很少再跟这矮胖子出席活动、开跑车、逛名店，而且时时有种被骗的感觉，但刘涛觉得，自己永远都是他的妻子。

刘涛守住了做妻子的底线，称职地保住了自己的职称。作为妻子，刘涛觉得这些都不叫事儿，都是一个女人应该做的；而且，她确信，如果换了是他，他会对她更好，因为在很早之前，在这一切发生之前，王珂也对她说过："从这一天起，无论境遇好坏，无论贫穷富有，无论生病还是健康，我们将始终相亲相爱，至死不渝。"

幸福，因人而异，因时而异，因势而异。年轻的时候，穿一件漂亮衣服就可以获得一个快乐的心情。成为妻子，成为母亲，幸福的内容便越来越丰厚。我们用着内心柔软的爱，将粗糙的生活一点点地打磨。其间，盘算的是自己对婚姻美好憧憬的预期，这里更需要一份相濡以沫的信仰，一种不离不弃坚守的义气。

亲情，是爱情的最高境界

　　婚姻就像是合伙开公司，合伙人没有般配不般配，只有经营得好和坏。任何一对夫妻都不可能保证一辈子都卿卿我我。如果婚姻经营得好，爱情就会逐年转化成一种亲情，双方的激情也会渐渐淡化。

在这个世界上，是很难有永恒的爱情的，但永恒不灭的亲情却真实存在。一旦爱情化解为亲情，根基就很难撼动了。爱情，如果不落实到具体的穿衣、吃饭、数钱、睡觉等这些实实在在的生活里，是不容易天长地久的。

在儿子找媳妇的时候，周晓光给儿子提出了这样的建议：你希望对方是在生活上帮助你，还是在精神上帮助你？定位不同，选择的另一半也就不一样。任何一个人都不是十全十美的，任何人都不可能把所有的事情都做得完美无缺。

女人说，我可能不够温柔，但是我很贤惠。

女人说，很多人都说我是"女强人"，其实我并不强，我很会让步。我经常会进行自我调整，不管对与错。家人在一起，不要去争对与错，因为不是原则问题……

133

为什么要去创造一个不愉快的过程呢？每个人的处事方式都是不一样的，为什么要去计较这些呢？当你不能改变他的时候，不如改变自己。因为，自我改变肯定要比改变他快。因为，对于男人来说，你越要改变他，你越改变不了他。

2010 年 5 月 10 日，马云在阿里巴巴员工集体婚礼上对新婚员工说："永远记住，客户第一，老婆第一，老公第一。很多人都说父母第一，但我觉得，结婚以后，应该是另一半第一，父母也会理解的。"

在这场集体婚礼上，一共有 327 对新人，其中有 62 对夫妻双方都是阿里人，这两个数字都创下阿里巴巴集体婚礼的新纪录。马云的证婚词是："我的证婚期限是 90 年。90 年之后，你们想改嫁的可以改嫁，爱娶谁娶谁，但是在这 90 年之内，你们的约定不能变。"

在这一次员工集体婚礼上，马云所有的讲话都是以公司的六大价值观的逻辑来诠释婚姻——客户第一、团队合作、信任、敬业、激情、拥抱变化。

团队合作：婚姻是两个人的事情。一旦结婚，也就预示着麻烦的出现。从第一天开始，到最后你离开这个世界，麻烦永远都不会停止。但是，生活的全部快乐和意义也是来自于彼此之间的矛盾带来的快乐。

信任：如果两人之间缺少了信任，一定走不长，走不久。今后，不管是对你的父母，还是对你的孩子，都要信任对方。

敬业：要将婚姻坚持到底。既然你爱她，嫁给了他，就不要说他不好。生活永远是这样，他的不完美才是他的魅力所在。

激情：婚姻的最高境界，不是激情，而是生活的平淡。从激情到爱情，再从爱情变成亲情，这才是婚姻的最高境界。

拥抱变化：婚姻中，什么事情都有可能发生，但是永远都要以积极、乐观的心态来看待，只有拥有阳光的心态才能面对挑战。

男女从初恋到热恋，会有一种莫名其妙的激情弥漫其中，这就是爱情。一旦因为爱而结婚，在之后的朝夕相处中，就要不断包容对方的弱点，时间长了，就是再极品的钻石也会磨光了棱角。

婚姻就像是合伙开公司，合伙人没有般配不般配，只有经营得好与坏。任何一对夫妻都不可能保证一辈子都卿卿我我。如果婚姻经营得好，爱情就会逐年转化成一种亲情，双方的激情也会渐渐淡化。

一对结婚40年的老夫妻在谈话：

> 妻子埋怨说："你没有以前对我好了，以前你总是紧挨着我坐。"
>
> 丈夫回答说："这好办。"随即立刻移坐到了她的身旁。
>
> "可是，过去你总是紧搂着我。"妻子还是有点不满。
>
> "这样好吗？"丈夫搂住了妻子的脖子。
>
> 妻子接着问："你还记得以前怎样吻我的脖颈，咬我的耳朵吗？"
>
> 丈夫急忙跳起身，走出房门。妻子忙问："你去哪儿？"丈夫回答说："我得去取我的假牙。"
>
> ……

爱情转换成亲情是一种最高境界，如果我们没有惊天动地的大事情可以做，就做一个小人物，给一个可爱的孩子做父母，给一对老人做子女，给你的另一半一个简单而幸福的人生。世上最珍贵的东西不是我们拥有的财富，而是陪伴在我们身边不离不弃的亲人！

情感危机

　　女人，在拥有婚姻的时候，当你沉浸在幸福时，不要忽视了任何点滴矛盾；当你沉浸在徘徊中，要再一次用心对男人说"爱你"，要时刻捍卫自己的婚姻和家庭。女人，不仅要为婚姻而活，更要为自己而活！

男人总会留在让他笑的女人身边

1. 情感危机之一：有话直说

人非钢铁，如果你真正地爱一个人，不必非要使用逆耳之言。忠言才是暖色调！会表达比想表达更重要。

有人说，女人会记得让她笑的男人，男人会记得让他哭的女人。可是，现实生活中，女人总是留在让她哭的男人身边，男人却留在让他笑的女人身边！

有人说，生容易，活容易，生活不容易。既然生活如此艰难，那么在生活中就要让自己过得轻松一些、快活一些、开心一些。

有人说，婚姻是爱情的坟墓。之所以称为坟墓，大概就是因为，柴米油盐和风花雪月之间存在着巨大的落差，没有多少人能够接受。

那么，我们到底为什么要结婚？有些人是为了一份相依相偎的幸福，有些人是为了寻得一份互相依赖的安全感；有些人是一种心领神会的默契，是想念，是不舍，是牵挂。可是，如果想永远在一起，是需要一种力量把对方绑在自己身边的，这就是爱。

通常来说，越熟的人越容易彼此泼冷水，也就是人们常说的"有话直说"。人们通常都会用两种方法来对付泼冷水的情况：一是反泼冷水回去；二是保持沉默，警惕自己，不再将自己的快乐或得意告诉这个人。可是，这两种方法都会让双方的距离越来越远。

一位公司高管说，他最不能忍耐的就是妻子有意无意地泼冷水。如果他打电话给妻子说："今天晚上，我不能回家吃饭了，公司的同事要一起为我庆祝 40 岁生日。"妻子就会立刻轻蔑地说："你有什么本事？为什么人家要帮你庆生？"这样一句话，会让他满腔的热情结成冰，心想：早知你这么刻薄，下次如果不回家吃饭，就不必告诉你了。

其实，妻子说的话并不表示瞧不起这个高管，只是单纯的不太会说话。如果你说某个人"不会说话"，这个人一般都不会将其看作是自己的短处，反而会沾沾自喜地认为自己性子直，暗自以此为优点，如此一来，也就不会有所改进了。

商场里，有一对中年夫妻，丈夫从特价柜上挑起一件衣服，妻子立刻火眼金睛地大声斥责："难看死了，放回去！"丈夫一惊，马上收回手去，用尴尬的眼神看着和他拿起同样衣服的人，然后低头离开。

肆无忌惮地公开批评男人的穿着品位，会严重伤害他的自尊心，等于当面斥责他是"白痴"。亲子关系亦然！

李婷和母亲的关系从小就不太好，长大之后最多能相敬如"冰"，主要原因就在于母亲擅长泼冷水。李婷小时候的成绩很优秀，当她考得第二名时，母亲通常都会先问这样一句话："第一名多你几分？"当她考到第一名时，满心欢喜地希望得到母亲的赞赏，可是母亲却会这样说："成绩好，有什么了不起的，女孩子会做家务最重要。"

有一次，母亲过生日，李婷用自己的零用钱给母亲购买了一件很漂亮的生日礼物。当她将礼物送给母亲的时候，母亲却说："这么浪费，快拿回去，换个便宜的！"李婷嘟着嘴抗议："好心被雷劈！"母亲却说："没揍你已经算不错了！"

长大成人后，李婷和母亲一起逛街买衣服。站在试穿镜前，母亲也会在她背后"赞赏"一番："全身上下，只有这双小腿长得还可以。"

张爱玲曾经说过：爱的相反不是恨，而是冷漠。人非钢铁，如果你真正地爱一个人，不必非要使用逆耳之言。忠言才是暖色调！会表达，比想表达更重要。

2. 情感危机之二：婆媳之争

作为一个有智慧的女人，在与公婆相处出现矛盾时，在一些非原则的问题上，可以学会"装傻"。但这"装傻"不是为了"装"而"装"，在心中要有"家和万事兴"的大格局，要"会傻"，开心地"傻"，像哄孩子一样哄着公婆开心。否则，为了"装傻"而"装"，时间长了，这种强忍就会因达到极限而歇斯底里。

自古以来，婆媳之间似乎就存在一对无法化解的矛盾。婆婆与媳妇之间缺少血缘关系，不同的生活背景，造就了不同的性格和处世方式。结婚之后，不管叫了多少声"爸妈"，媳妇多少还是会意识到，眼前的这个人并不是自己的"亲人"。因此，公婆和媳妇相处得再好，也只能限于"社交层面"。

张爱玲说过：所有的同行都是敌人，所有的女人都是同行，所有的女人都是敌人。虽然这句话说得有点夸张，却道出了同性相斥的真理。与公婆相处是一门婚后必修的艺术，三代同堂家里虽然很热闹，可公婆与媳妇之间的摩擦也会日益增多。

（1）婆媳矛盾是不可避免的

在婆媳关系中，至少会涉及三个人：婆婆、媳妇、男人。在这三个人中间，婆婆与男人是有血缘关系的，因此不管是出于孝道还是人性，男人一般都不会背叛自己的母亲；而男人与媳妇之间是由爱建立的家庭，这也是一种牢不可破的关系。于是，千百年来，夹在婆媳中间的可怜男人，不得不为婆媳之间的问题所困扰。

对于婆婆来说，媳妇是既可爱，又不可爱。自己含辛茹苦地将儿子拉扯大，好不容易娶了媳妇，是不允许儿子忘了她这个娘的；媳妇虽然担任着家族延续的使命，可是即使如此，媳妇也应该像自己一样爱儿子，像儿子爱自己一样爱自己……可是，由于表达方式和表达习惯的不同，这种期许和现实经常会出现巨大的落差，婆媳之间的矛盾也因此不断升级。

对媳妇来说，也有自己的理由。自己还没有报答含辛茹苦抚养自己长大的生身父母，便嫁到婆家来孝顺和自己毫无关系的公婆，虽然看在丈夫的面子上，可以爱屋及乌，但这本身也是一种不平等的交易。一旦受了委屈，这种逆反心理就会立刻显现出来。

在汉乐府的《孔雀东南飞》中，就上演了一幕婆媳关系大戏。

焦母是一个恶婆婆，而女主人公刘兰芝却异常聪慧、知书达理："十三能织素，十四学裁衣，十五弹箜篌，十六诵诗书……"，"指如削葱根，口如含朱丹。纤纤作细步，精妙世无双。"兰芝对爱情忠贞不贰，从不羡慕那些荣华富贵。说实话，这样的媳妇多好！可是，婆婆却经常对她指手画脚，兰芝不卑不亢，最终以死来捍卫自己的爱情。虽然这种做法有失偏激，可是谁又不为她感到悲伤？

由于封建伦理道德的影响，焦仲卿对母亲的顺从也许是好事，也好像是"孝"。但他的这种顺从却背弃了爱情。婆媳相处的时候，如果两方都比较强势，只会连带上儿子，三方都如火上烤肉，时间长了只能化身为炭灰，家里也就没有了宁日。

作为一个智慧女人，在与公婆相处出现矛盾时，在一些非原则的问题上，可以学会"装傻"。但这"装傻"不是为了"装"而"装"，在心中要有"家和万事兴"的大格局，要"会傻"，开心地"傻"，像哄孩子一样哄着公婆开心。否则，为了"装傻"而"装"，时间长了，这种强忍就会因达到极限而歇斯底里。

（2）"会傻"换来的是自己的大幸福

现实生活中，婆婆一般都不大会主动夸奖儿媳；儿媳也不太愿意肯定婆婆；有了分歧，谁都不愿意否定自己，更不愿意肯定对方。

在《红楼梦》中，贾母和王夫人是封建社会好婆媳的典范，而王夫人却是一个会傻的好媳妇的典范。只要贾母出现的场合，王夫人一般都会伺候在左右，恪守为媳之道。而且，考虑问题时，她都以贾母的喜好为出发点：在湘云请大家赏桂花吃螃蟹的时候，贾母问："哪一处比较好？"王夫人立刻回答说："老太太爱在哪一处，就在哪一处。"准备要给凤姐过生日时，贾母说："有什么新办法，既不生分，又可取乐？"王夫人没有好方法，便急忙表态说："老太太觉得怎么样好，就怎么样行。"

虽然贾母在骨子里更偏疼王熙凤，认为王夫人"不大会说话，和木头似的，在公婆跟前就不大显好"，但并没有因此否决和疏远她，而是大胆地放权给她，事事尊重她的意见、巩固她的权威。后来发生了"鸳鸯事件"，涉及王夫人，贾母通过宝玉传达歉意，帮王夫人找回了颜面。

王夫人表面上对贾母恭顺有礼，其实对于贾母过分纵着凤姐也有一些不满，对于贾母想纳黛玉为媳妇的念头更是不满，但是她虽然感到很委屈，却不会正面和贾母发生冲突，而是委婉地提醒凤姐"不要逾距"，驱逐了晴雯，宣泄了自己对黛玉的不满；对贾母则始终如一。

不可否认，贾母和王夫人都是非常出色的女人，作为婆婆，贾母慈祥、大度、善于放权；作为媳妇，王夫人孝顺、知礼、懂得分寸。因此，她们能够求同存异，和睦相处。

在婆媳相处中，"会傻"是一种境界！当然"会傻"并不是让人唯唯诺诺，忍气吞声，任何事情都有它的模糊地带，"会傻"就是让我们换一种方式、换个角度，把生活中的小事模糊处理掉，把公婆的心情同理化。

聪明的女人，不管什么事情最后都付诸尘土与流水，他们不会把所有的事情都弄个清清楚楚，也不会把事情弄得不可收拾。即使你天生有一双火眼金睛，揉不得一点沙子，也要学会"傻"；否则，最后不仅会伤害一双明亮的眼睛，有时还会连累自己的幸福。

如果想和公婆和谐相处，就要以解读人物传记的方法来对公婆现在的心态和处事方式进行解读，只有这样，所有问题和矛盾才可以找到源头，家务事都可以被媳妇开心地模糊化。

3. 情感危机之三：爱孩子就是爱老公

　　父母之心，可以理解，但是无论什么时候都要记住，夫妻感情才是第一位的。毕竟，能够陪你一起慢慢变老的是他，而不是孩子。孩子终有一天会长大成人，总有一天会飞出你的怀抱，只有老公才是你一生的守候。如果出于对孩子的爱，更应该维持一份深厚的夫妻感情。

爱他，他才会更爱你；只有接受了更多的爱，你才有能力更好地爱孩子！

十月怀胎，一朝分娩。孩子出生之后，女人的人生就会被那个小生命占满了。有了孩子之后，女人的心里、眼里只有他，一切都会显得不再重要，很容易将老公完全忽略掉。

在过去，如果一会儿见不到老公，你就会想：他在哪里？他在做什么？他想我了么？有了孩子之后，女人甚至意识不到，他什么时候出门了？什么时候又回来了？即使老公下班回来了，也顾不上跟他说几句话。因为，孩子有很多地方需要你：喂奶、换尿布、洗澡、逗他玩；即使孩子睡着了，什么都不需要做了，女人也会躺在旁边看着他，体会片刻的心满意足。这时候，女人哪里还有时间去在意老公呢？哪里还有心情去在意他？

有些女人甚至还会发现，老公的所有地方都让自己感到非常不满。孩子长得这么可爱，可是老公却没有像你一样爱孩子。他不懂换尿布，不懂给孩子洗澡，不懂抱孩子，不懂逗他玩，让他帮忙倒个水都不知道适宜孩子的温度是多少！于是，女人心烦意乱，不满的情绪每时每刻都要爆发出来。这时，女人对自己的老公，不仅会态度冷淡，还会多出无数的抱怨。

可是，当初生的婴孩带给我们的喜悦终于逐渐平淡下来的时候，以前的那个老公已经不见了。你感到很伤心，感到很不甘心！你觉得，自己如此辛苦养育孩子，却碰到了一个白眼狼，不仅不体贴你，反而在这种时候离你远去。你觉得，整个世界都对不起你！你为他生了这么可爱的孩子，你负担起了所有的责任，把孩子照顾得如此细致，他非但没有感激，还在你最需要的时候，给你心口捅了一刀。

但是，仔细想一想，最终的错误方是不是你？把他推开的是你，先离开的是你，先变心的也是你。从孩子降生的那刻起，你就爱上了孩子，对他的爱减少了很多。如此，他自然就会离你远去。因为你把感情收回，一点儿不剩地倾注到了孩子身上。不要怪他不肯等待，你的冷淡、你的抱怨，强大到可以把世界推开，更何况他只是一个男人！

不要抱怨他不爱你，是你自己不会爱自己。

爱自己，就要爱他；爱孩子，也要爱他。

父母之心，可以理解，但是无论什么时候都要记住，夫妻感情才是第一位的。毕竟，能够陪你一起慢慢变老的是他，而不是孩子。孩子终有一天会长大成人，总有一天会飞出你的怀抱，只有老公才是你一生的守候。如果是出于对孩子的爱，更应该维持一份深厚的夫妻感情。如果夫妻感情不和，第一个受到影响的，就是孩子！

4. 情感危机之四：不对称的对比

总是用别人拥有的幸福和自己没有的幸福作对比，这种对比本身就是不对等的；聪慧的女人不会用自己的短板和别人的长处作比较，她们明白：欣然接受真实的生活才是幸福！

凭什么她没我长得好看，没我有气质，却能嫁入豪门？

凭什么我努力学习，努力工作，却不能创造富足的物质生活？

别人轻而易举地踩着狗屎运就升官发财了，我们为什么总是在错误地追逐着别人的幸福？

很多人之所以总是感到异常烦恼，就是因为自己觉得，幸福总是围绕在别人身边，烦恼总纠缠在自己心里。幸福和不幸福，仅仅源自于不对称的对比。

（1）幸福是看出来的，痛苦是比出来的

有些女人总喜欢把别人表面的幸福和自己隐藏的痛苦做比较，结果在不当的对比中，自己的痛苦指数又创新高。成功不是随随便便的，不能只看到别人表面的繁华，忽视了追究繁华背后的艰辛。

你羡慕别人嫁入豪门的幸福，却看不到她适应豪门生活的委屈；

你羡慕别人坐拥成功事业，却看不到她夜以继日努力奋斗的艰辛。

你羡慕鸟儿的翅膀能飞，鸟儿又何尝不嫉妒你的双腿如飞？

就像卞之琳在《断章》一诗中所写的那样，我们常常看到的风景是：一个人总在仰望和羡慕着别人的幸福，一回头，却发现，自己正被别人仰望和羡慕着。总是用别人拥有的幸福和自己没有的幸福作对比，这种对比本身就是不对等的；聪慧的女人不会用自己的短板和别人的长处作比较，他们明白：欣然接受真实的生活才是幸福！

（2）知足才是最幸福

幸福只是一种内在的心灵感觉！每个人的感情世界都是一座古城堡，年龄越大，门户的防备也就越森严，于是，要想进入其中，也就越不容易。于是，女人经常会觉得不快乐，离幸福越来越远。

很多时候，幸福和一个人的财富地位有着密切的关系。如果女人觉得幸福正在离自己而去，便会想要获取更多的物质，借此来填补失去的幸福。结果，得到的越多，越觉得空虚，越不快乐。

明智的女人一般都会用一颗平常心来看待自己的工作，更会以平常心来看待自己的人生；每天把平常事做好，自然就会获得一定的充实感和幸福感。有些女人之所以一直找不着存在感和幸福感，大多是因为错位比较和盲目攀比造成的。

空想、瞎想、妄想是不幸福的源头，只有面对现实、踏实办事、为人诚实、生活充实，才能获得满足感和幸福感。

（3）惜福，方懂享福

通常来说，人们都喜欢回味幸福的标本，经常会忽略掉幸福披着露水散发清香的时刻。很多女人往往步履匆匆，瞻前顾后，却不知自己在忙着什么，只有惜福才能明白：什么风光需要追赶？

幸福就在每个人的方寸之间！小小的一方，变化万千，是好是坏，全看你自己怎么过。怎么栽，就怎么收！在自己的人生之路上，我们会遇到很多快乐，可是即使遇到快乐，但还是有人持不同的态度：抱怨的人会把自己的精力全部集中在对生活的不满之处，而幸福的人则会把注意力集中在能令他们开心的事情上，懂得珍惜身边的小幸福。所以，他们能更多地感受到生命中美好的一面，因为对生活的这份感激，所以才感到幸福。

用自己的不幸福与别人的幸福做对比，是卑微；用自己现在的不幸福同自己以往的幸福做对比，是愚蠢。幸福的人，并不是比别人拥有得更多，而是他们计较得少。

智慧女人一般都懂得用自己的阳光心态去遇见幸福，她们从来都不会问"为什么"，而是问"怎么做得更好"；她们不会在"生活为什么对我如此不公平"的问题上做过长时间的纠缠，而是会积极地寻找解决问题的方法。

5.　情感危机之五：无法建立共同语言体系

很多时候，摧毁婚姻的不是那些触犯原则的"大事"，而是一些不注意的细枝末节，更具杀伤力。一个成功的婚姻取决于两件事情：一是寻找最合适的人；二是成为最合适的人。对婚姻来说，成为最合适的那个人尤为漫长而且重要。

真正地懂得，既不是察言观色，也不是费尽心机地揣摩对方，而是心与心之间的一种理解、一种感应，是男女双方精神上的共同成长。

1983 年，普京迎娶了小自己 6 岁的柳德米拉。他们两人是在剧场认识的，最终也在剧场宣布离婚，结束了 30 年的婚姻。是什么原因让当初柔情蜜意的小夫妻分路而行？柳德米拉坐拥第一夫人的荣誉却能超脱世俗，抛弃了众多女人梦寐以求的地位；而普京，他也没有为了自己的事业强迫妻子与他维护一段已经没有任何价值的婚姻。

在与普京的婚姻中，柳德米拉一直都很难适应，尤其是普京当上俄罗斯总统后。他的忙碌让他们几乎没有私生活。1999 年 12 月 31 日晚上，叶利钦在电视台宣布辞职，并提名普京为代总统，一个朋友打来电话祝贺柳德米拉："你听说了吗？叶利钦辞职了，你丈夫成了代理总统，祝贺你！"

柳德米拉听到这个消息，哭了一整天，她说："我意识到，我们的私人生活完了。"柳德米拉自认为，自己是一个平凡的女人。她不喜欢抛头露面，喜欢平静生活，对政治不感兴趣。

其实，普京和柳德米拉婚姻的失败，普京的忙碌只是原因之一，更大的原因在于，普京也将他的铁腕手段运用到了婚姻里。他们的观念不在同一层次上，婚姻缺乏理解与包容的价值观基础。可是，要知道，很多时候，摧毁婚姻的不是那些触犯原则的"大事"，而是一些不注意的细枝末节，更具杀伤力。

2002 年，柳德米拉曾经在一篇传记文章中描述了他们夫妻的相处方式。

生大女儿的时候，普京在外出差，柳德米拉孤身一人搭出租车到医院分娩。当普京回到家里后，立刻宣布大女儿继承祖母的名字——玛莎。虽然柳德米拉明确告诉他更喜欢娜塔莎这个名字，可是普京依然坚持己见。顿时，柳德米拉的眼泪夺眶而出，她意识到自己根本就没有发言权，女儿只能叫玛莎。

普京习惯性迟到，柳德米拉经常会被晾 1 小时，委屈得想要大哭一场。

普京对女人有两条黄金法则：女人必须做家里所有的事；不要表扬女人，不然就会惯坏她。他对这两条法则身体力行，他从来都不表扬柳德米拉的厨艺，非常挑剔，如果一道菜中有一点他不喜欢的元素，整道菜他都不肯吃。

和普京一起生活总像在考试，柳德米拉觉得他时刻盯着自己，看她有没有做出正确的决策。普京对柳德米拉很严苛、专制，他似乎没有意识到对待老婆跟对待下属是不同的。这些铁腕原则不仅让柳德米拉压抑，也让普京觉得这个老婆不尽如人意。

其实，从根本上来说，普京与柳德米拉婚姻的失败最深层次的原因在于——他们的观念上出现断层。开始的时候，他们之所以能够结合，是因为他们在观念上一致。那时，柳德米拉只是一名普通的空乘，而普京也还没有成为政府要员。随着事业上的步步高升，普京的思想和生活都发生了变化。

普京没有将生活与事业很好地分开，虽然他也在尽力保护家人的私人生活。可是，柳德米拉一直还是那个普通的女人，保持着原来的观念和生活方式。她不习惯面对媒体，不喜欢普京的忙碌，更不喜欢普京的专制。归根结底，他们双方都不懂对方，观念、生活、事业的不一致让他们的婚姻也出现了断层，无法比肩前行。

普京不能照顾到柳德米拉身为妻子需要的关怀、尊重与被爱的感觉，更无法用柳德米拉想要的方式去照顾她。而不喜欢政坛的柳德米拉更加无法理解普京的艰险，无法体会丈夫身为铁腕总统的万般无奈。

杨澜曾经说过："婚姻最坚忍的纽带不是孩子，不是金钱，而是精神上的共同成长。"一个成功的婚姻取决于两件事情：一是寻找最合适的人；二是成为最合适的人。*对婚姻来说，成为最合适的那个人尤为漫长且重要。*

世界是复杂的，事物都有多面性，而每个人都有不同的性格、不同的观念、不同的态度、不同的心理状态、不同的看待事物的角度……夫妻双方只有在精神、思想上共同成长，才能站在对方的角度上想问题，才能理解对方、包容对方。

婚姻中，最容易出现的便是普京和柳德米拉这样的问题。很多时候男人之所以对婚姻不忠，就是因为他需要一个能够与他对话的"红颜知己"，一个能让他在精神上产生共鸣的异性朋友。婚姻是需要经营的，但首先，需要经营的便是自己。让自己不断地成长，与对方统一思想高度，是"懂"的核心基础。夫妻既要是爱人，更要是知己。

爱他，更要懂他；要了解，也要开解。

要道歉，也要道谢；要认错，也要改错。

要体贴，也要体谅；要接受，而不要忍受。

要宽容，而不要纵容；要支持，而不要支配。

要慰问，而不要质问；要倾诉，而不要控诉。

要难忘，而不要遗忘；要彼此交流，而不要凡事交代。

要为对方默默祈求，而不要向对方提很多要求。

6. 情感危机之六：有理争到底

生活中，许多原本美满的婚姻最终却走向了破裂，不是他们不相爱，而是双方谁也不服谁，谁也不愿意低头。现代人，都希望自己能够"一赢再赢"，可是在婚姻里，要想获得成功就要采取"一输再输"的策略。要学会恰当认输而不一味争赢！

"关关雎鸠，在河之洲，窈窕淑女，君子好逑"，受传统文化的熏陶和影响，在情场上男人一般都愿意跟美女过招，但在娶妻这个关键问题上普遍还是对淑女一往情深。在男人的心目中，淑女一般都有着良好的家教和美好的品德，容易让自己掌握家庭的主导权。

一旦情投意合两情相悦，日子自然会过得舒心和惬意，可是有些淑女们却很难得到一个"好"丈夫！

（1）大丈夫一言既出，驷马难追

社会上，大多数男人都好面子、争强好胜，从来都不愿意主动认输。在他们眼中，"认输"就是"软弱和妥协"，是一种软弱和无能的表现。在婚姻生活中，这种态度会体现得淋漓尽致。可是，在婚姻中认输与妥协是一门艺术，美满的婚姻往往存在于那些懂得和擅长把握"输"的技巧的人。

两个原本陌生的男女，生活背景不同，生长环境不同，兴趣爱好不同，教育子女不同，亲友关系不同，投资理财等方面也都会有不同的认识，走到一起哪能不发生碰撞？但是，端着架子，互不相容，无异于火上加油。这时候，问题的关键并不在于具体的事件，而在于到底谁在家里占主导地位、自己被尊重、被关爱的程度如何？

（2）婚姻是讲爱的地方，而不是讲理的地方

婚姻不是讲理的地方，而是讲爱的地方，经营婚姻的时候，一定要学会退让。

恋人与伴侣永远都是男人生命中最不听话的那个人，当双方意见相左、发生冲突的时候，聪慧的女人一般都会勇敢认输，会适时地满足一下男人那小小的虚荣心，崇拜一下男人，用仰视的眼光去看他。

> 房玄龄是唐朝历史上最著名的宰相，被视为古代宰相的典范。他是一位智商极高的超级谋士，能为李世民削平群雄，夺取皇位，摆平各种难题。但是，对自己凶悍的老婆，他却毫无办法，凡事都要忍让。
>
> 一天，李世民宣布退朝后，百官相继离开，只有房玄龄亦步亦趋地跟在后面，一直跟到了后宫。李世民以为他有什么机密大事要单独汇报，一问才知道，宰相的夫人正在家里发脾气，宰相不敢回家，想求一道圣旨作护身符。李世民一听，笑出了眼泪，想不到圣旨还有如此妙用！
>
> 还有一次，房玄龄得了重病，即将死去，便嘱咐夫人说："你还年轻，我离开之后，不要为我守寡，好好地对待你未来的丈夫。"夫人听完大哭，竟当场用刀剜出了自己的一只眼睛，发誓"不嫁"！如此血淋淋的爱，让房玄龄既恐怖又感动。

从这里我们可以看出，房玄龄的夫人不但美丽端庄，而且对爱情忠贞不贰，只是做法上有些极端。其实，与夫人相比，房玄龄的爱情显得更博大、更深沉一些。房玄龄每时每刻都在为妻子的幸福着想，当他病危的时候，便吩咐妻子另嫁，这种开阔的心胸，即使在今天也是令人敬佩的。

生活中，许多原本美满的婚姻最终却走向了破裂，不是他们不相爱，

而是双方谁也不服谁，谁也不愿意低头。现代人，都希望自己能够"一赢再赢"，可是在婚姻里，要想获得成功就要采取"一输再输"的策略。要学会恰当认输而不一味争赢！

莫言曾经有过这样一段文字："每个人都有一场爱恋，用心、用情、用力，感动也感伤。我把最炙热的心情藏在那里。你若懂我，该有多好……每个人都有一行眼泪，喝下的冰冷的水酝酿成的热泪。我把最心酸的委屈汇在那里。你若懂我，该有多好。"认输，是因为爱，因为懂你，因为心与心的相许。

夫妻之间是没有道理可讲的，唯一可讲的就是两个人的爱；而真正讲"爱"时，最核心的是你"懂"他对你的那份情。由此可见，处理夫妻关系最核心的一个字就是"懂"！

上错花轿，可以嫁对郎

人生就像是一场牌局！我们手中的牌是上帝发好的，无论好坏，都是我们唯一能够利用的资源。有的人牌并不差，可是总在抱怨发牢骚，结果打成了最坏的结局；有的人牌并不好，可是经过巧妙的周旋，却争取到了较好的局面。如此循环下去，便会出现完全不同的人生。

一个人经历太多了，会麻木；分离的次数多了，会习惯；恋人换得多了，会比较，到最后，你就不会再相信爱情，就会自暴自弃地过一辈子。幸福有时就是将错就错！

2013 年 2 月，大导演李安再次把奥斯卡的小金人捧了回来，对于他取得的成绩，人们都表示佩服，可是在接受记者采访时，其夫人林惠嘉却大大爆料老公的种种不是。她说："李安出生时，颈部遭到脐带缠绕，损坏了很多脑细胞，所以他做事的时候一般都非常专注，只能做两件事：拍电影、煮菜！"

当记者谈到李安称赞她"聪明又正直"的时候，她露出了小女人的害羞，说："听到这个消息，我高兴了两个星期，我好开心！"

记者让她畅谈一下身为李安夫人一路走来的心情，她说："老公真不知道是用来做什么的。需要他的时候，永远不在你身边，所以我在很早的时候就练就一身好武艺，我不仅学会了独自抚养小孩，还能兼顾自己的事业。李安经常会因为拍片情绪陷入低潮，我对他唯一的要求是：'你要死可以，自己去死就好，但不要死在我面前！'"

林惠嘉对记者坦诚相待，说："我也有过离婚的念头。那时，孩子刚出生，我得忙毕业论文，还要跟着想拍电影的李安搬到纽约，生活过得不太好，我一度闪过离婚的想法。原本，母亲对我嫁李安就表示反对，可是当我打越洋电话向母亲诉苦的时候，母亲的态度却180度大转弯——让我好好维系婚姻。于是，我就一咬牙，撑到了现在。"

可是，就是因为林惠嘉的这一咬牙，成就了李安。她没有限制李安，让李安与电影有了无限的空间和时间，观众们也因此而大饱了眼福。

幸福，有时真就是将错就错。即使上错了花轿，也一样可以嫁对郎。海蚌遇上了那粒意外的沙子，开始的时候也是痛苦不堪，可是海蚌用生命去包容，结果让一粒沙变成了一颗珍珠。在《乔家大院》里，陆玉涵与乔致庸的婚姻是幸福的！

刚开始的时候，陆玉涵与乔致庸也是落花有意、流水无情。洞房花烛夜，乔致庸喝醉了酒，几次都不愿意掀开她的红盖头。陆玉涵感到很困惑，最后终于从贴心丫头明珠那里知道：姑爷有个青梅竹马的相好，而且刚刚还去找过她……

可是，陆玉涵并没有像其他女子一样哀怨上苍的不公，而是弄清了事情的原委，替他排忧答疑。陆玉涵建议乔致庸和她一起回娘家替他借银子，然后还亲自去包头替他散布朝廷要出兵攻打准噶尔部的消息，为后来的"高粱霸盘"中乔家占据主动埋下了伏笔。

陆玉涵用自己的一言一行感染着乔致庸，很快他们就圆满入了洞房。两人对镜梳妆，画眉调笑，一天比一天和谐恩爱。乔致庸对陆玉涵说："你是我的福星，由不得我不爱。"

对于情敌，陆玉涵用宽容的心态来对待。她没有强迫丈夫与其相好的断绝关系，只是在恰当的时候用自己的温柔和爱提醒他。陆玉涵知道丈夫的心思，在他思念另一个女人的时候，她会一声不响地依偎在丈夫身边，替他把思念的诗写完；在丈夫心痛不能自拔、冲凉发呆的时候，陆玉涵会浇上一桶冷水让他清醒……在乔家后来风雨交加或是阳光明媚的日子，他们都一路牵手走过，一直走到终老，儿孙满堂，富贵有余。

人生就像是一场牌局！我们手中的牌是上帝发好的，无论好坏，都是我们唯一能够利用的资源。有的人牌并不差，可是总在抱怨发牢骚，结果打成了最坏的结局；有的人牌并不好，可是经过巧妙的周旋，却争取到了较好的局面。如此循环下去，便会出现完全不同的人生。

世界是纷繁复杂的，仅靠一个坚定的求生意志和信念是无法解决一切问题的。你无法改变整个世界，但是可以换个角度，改变自己的世界，让自己活得自在洒脱一点。

矛盾，是再次热恋的开始

夫妻之间一旦出现了矛盾或吵架，要学会感情复原，千万不要积小患为大疾。裂痕或小创伤是生活的必然，聪慧的女人一般都会及时修复还原，然后重新上路。如此，夫妻就能常爱常新，婚姻就能随老终生。

吵架是夫妻生活必要的调味剂！在婚姻里，小两口红个脸、闹闹意见，或是拌拌嘴、吵吵架，是很正常的事，大可不必上纲上线。要知道，夫妻只有在不断地摩擦中才能了解对方，才能增进感情。

既然避免不了夫妻矛盾或吵架，那就应该控制好其中的"度"，懂得适可而止，切不可得寸进尺。夫妻之间永远没有真正的大是大非，没有绝对的谁对谁错。

蒋介石和宋美龄两人在台湾一起生活了20多年，在众人面前绝对的模范夫妻，其实，他们两人也会出现矛盾。

史料记载，有一次，台湾省前"主席"吴国桢与蒋经国发生了尖锐的矛盾，当着蒋介石的面，蒋经国指责过他好几次，引起了蒋介石的不满。吴国桢看到自己处境危险，打算出走，但签证迟迟不能到手，最后他只好向宋美龄求情。宋美龄动了恻隐之心，便帮助吴国桢带着夫人远走高飞。

在美国接受新闻界采访时，吴国桢让蒋氏父子很丢脸。蒋介石感到非常生气，便让下属调查是谁放走了吴国桢。很快结果便出现了，主使人竟是宋美龄！部下只好请蒋介石自己去处理。

蒋介石派人把宋美龄叫到书房。宋美龄知道蒋介石找她的目的后，心里有些紧张，但又想，凭着多年的夫妻情分，蒋介石最多就是骂她一顿。因此，一到了书房，宋美龄便坦然地开始解释。可是，没等她说完，蒋介石就扇过去一个大耳光。宋美龄又惊又气，回身便走；蒋介石跟在后面追，追了几步，看到卫兵站在门口，只好愤然作罢。

宋美龄挨了一巴掌，痛哭流涕，不久之后就孤身一人飞往了美国。几个月之后，才在一批又一批蒋介石派来的"特使"劝说下回到台湾。

20世纪70年代后，蒋介石和宋美龄的感情发展到了一个新阶段。蒋介石把很多公务都交给蒋经国去处理，因此便有了很多空闲时间。在士林官邸宽阔的花园里，在花木掩映的山间小道上，经常会看到蒋介石和宋美龄并肩漫步的身影。

夫妻之间一旦出现了矛盾或吵架，要学会感情复原，千万不要积小患为大疾。裂痕或小创伤是生活的必然，聪慧的女人一般都会及时修复还原，然后重新上路。如此，夫妻就能常爱常新，婚姻就能随老终生。

如果夫妻之间出现了小矛盾，该怎么办呢？可以试试下面的办法。

1. 学会运用孩子的润滑作用

夫妻发生矛盾后，有时都好面子，谁也不愿先服软，家庭气氛就会变得冷淡，这时候孩子就会成为无辜的"受害者"。其实，孩子是夫妻矛盾修复可以利用的一种"手段"。

孩子是夫妻共同的骨肉，任何一个人都不忍心让他生活在不和谐的家庭环境中。孩子是夫妻爱情的结晶，必能激起夫妻的柔情。有了矛盾，吵架之后，要多想想孩子，如此你们的气就能快些消失，你们的矛盾就能尽快化解。

2. 尝试一起回忆往日的温情

忙碌之中，夫妻很容易忽视了一件事——常常回忆夫妻曾经的浪漫与温情，于是夫妻变得越来越麻木而渐渐失去激情。也许你早已淡忘了什么是浪漫、什么是温情，当红脸之后，当吵闹之后，不妨找个合适的时机，或者有意无意一起到当初恋爱的地方重温旧情，勾起曾经的美好时光和温馨回忆。

结婚的第二天，一位老公公和自己的儿子、儿媳一起欣赏结婚当天的录像，他建议说：如果两人吵架吵得不可开交，可以看看这个录像，就怎么也吵不起来了。事后证明，这个办法还挺灵。想起曾经的爱与温情，再想一想现今的吵闹与冷漠，是多么的可笑！

3. 不计前嫌，多赞美对方

赞美是解决任何矛盾的最佳润滑剂，不仅可以化解冷漠和麻木，还可以重新唤起那颗挑剔和仇视的心灵，而夫妻间的赞美尤其不可缺少。当然赞美很难，特别是当有了矛盾和闹了意见之后还要去赞美对方，如何能做到？刚吵完架显然做不到！

可是，平静下来想一想，你真的要跟那个共枕的爱人对抗到底吗？要让家庭变成冷冰的人间地狱吗？尝试着放下所谓的面子，多赞美对方，可以大大减少夫妻发生矛盾的概率，即使已经发生了矛盾，也可以由此得到迅速化解，至少不会让矛盾失控，破坏婚姻的基本架构，危及到婚姻的根基。

4. 经常给对方一个拥抱

夫妻要重燃激情光靠嘴是不行的，不妨试着来个深情的拥抱。也许你们已经很久没有拥抱了，一个拥抱可以解决夫妻间的任何恩怨。

拥抱的一瞬间，不仅可以温暖彼此的身，更能够冷却双方已久的心。有时候，拥抱也是让步、宽容，是爱、是情，是重焕激情的新起点。

5. 多关心对方的亲人

无论你走到哪里，不管你是否成家立业，在你的心灵最深处永远有一个最柔软的地方——父母、亲人。夫妻吵架的时候，永远都不要伤及对方的父母、亲人，因为那会触到了他最柔软之处。

反过来，当夫妻有了矛盾，当婚姻出现危机时，可以多给对方的父母、亲人一些关心、关照，发自内心地善待对方的父母、亲人。有时，善待对方的父母、亲人比善待对方本人更能得到对方的认可。

6. 幽默式的自嘲，让你更有魅力

有一次，李红和老公因为公司管理上的问题产生了很大的分歧，两人吵的正不可开交。突然，老公来了一句："你说你，找个大款傍下，就现在这姿色应该不成问题。不过，就我这头啊，找个富婆就难了，我看你还是将就将就吧。"

老公一边说一边用车里的镜子照了照他那快谢了幕的头，李红"扑哧"一声笑了。当然，还不忘损他一句："就这德性了，刚才怎么这么嚣张！"老公立马笑脸相迎："冲动是魔鬼、冲动是魔鬼！"李红心里很美，早就忘记了刚才为什么吵架了。

7. 幸福有时只需要一个台阶

幸福有时只需要一个台阶，无论是他下来，还是你上去，只要两个人的心都在同一个高度和谐地振动，就会获得满满的幸福。

那年，桃子刚 25 岁，在鲜活水嫩的青春映衬下，犹如绽放在水中的白莲花。桃子唯一不足的地方就是个子太矮，穿上高跟鞋也不过一米五多点儿，可是她却心高气傲地想要嫁个条件好的。

通过相亲，桃子认识了小浩，小浩个头一米八，她第一眼便喜欢上了。两人隔着一张桌子坐着，桃子却低着头不敢看他。她两只手反复抚弄着衣角，心里像揣了兔子，左冲右撞，心跳如鼓。

就这样，两个人相爱了，他们恨不得每天 24 小时都黏在一起。每天两个人都会拉着手去逛街，一次楼下的大爷眼花，问："送孩子上学啊？"小浩镇静自如地应着，拉着她一直跑出好远，才笑出来。

小浩虽然没有大房子，可是桃子依然心甘情愿地嫁给了他。拍结婚照时，两个人站在一起，桃子还不到小浩的肩膀。桃子有些难为情，小浩笑了笑："你这么矮，是不是我自己长得太高了？"

摄影师把他们带到有台阶的背景前，指着小浩说："你往下站一个台阶。"小浩下了一个台阶。桃子从后面环住他的腰，头靠在他的肩上，附在他耳边，悄悄说："你看，只要下个台阶，我们的心就在同一个高度上了。"

结婚后，日子就像涨了潮的海水，繁忙的工作，没完没了的家务，孩子的奶瓶尿布……数不尽的琐事，一浪接一浪地汹涌而来，让人措手不及。渐渐地，他们两人便有了矛盾和争吵，有了哭闹和纠缠。

第一次吵架，桃子任性地摔门而去，走到外面才发现无处可去，只好又折了回来，躲在楼梯口。小浩慌慌张张地跑下来，结果一脚踩空，整个人撞在了栏杆上。桃子看着小浩的狼狈样，捂嘴笑着从楼梯口跑出来。桃子伸手去拉小浩，却被他用力一拽，跌进了他的怀里。小浩捏捏她的鼻子说："以后再吵架，不要走远，就躲在楼梯口，等我来找你。"

第二次吵架是在街上，桃子相中了一件东西，坚持要买，可是小浩却坚持不买，争着争着桃子就生气了，甩手就走。走了几步后，便躲进了一家超市，从橱窗里观察小浩的动静，以为他会追过来，可是却没有。小浩在原地待了几分钟后，就若无其事地走了。桃子又气又恨，怀着一腔怒火回到家。一推开门，发现小浩正双腿跷在茶几上看电视。看见桃子回来，便若无其事地打招呼："回来了？等你一起吃饭呢。"

桃子一边啃着红烧鸡翅，一边愤怒地质问："为什么不追我，自己回来了？"小浩说："你没有带家里的钥匙，我怕万一你先回来了进不了门；又怕你回来饿，就先做了饭……我这可都下了两个台阶，不知道能否跟大小姐站齐了？"她扑哧就笑了，所有的不快全都烟消云散。

这样的吵闹不断地发生，终于有了最凶的一次。这天，小浩打牌一夜未归，孩子碰巧发了高烧，给他打电话，刚好手机没电关机了。桃子带孩子去了医院，第二天早上小浩一进门，桃子的火气暴发了……这次，小浩收拾东西，搬到单位的宿舍里去住。

那天晚上，桃子辗转难眠，无聊中打开了相册，第一页就是他们的结婚照。她的头亲密地靠在他的肩上，两张笑脸像花一样绽放着。从照片上看不出她比他矮那么多，可是她知道，他们之间还隔着一个台阶。

桃子拿着那张照片，忽然想到，每次吵架都是他主动下台阶，而她却从来都没有主动去上一个台阶。为什么？难道有他的包容，就可以放纵自己的任性吗？婚姻是两个人的，老是让一个人下台阶，距离自然会越来越远。其实，自己上一个台阶，也可以和他一样高。桃子拨了小浩的电话，只响了一声，他便接了。原来，他一直都在等她主动上这个台阶。

不要逼男人撒谎，他会恨你；也不要把他的话当真，你会恨他

如果一个谎言不会伤害夫妻感情且无关痛痒，不经意地从一个男人的口中顺口而出，女人就不必太介意，就没有必要去揭穿他。因为，如果要真正地了解一个男人，需要用一生时间来寻找答案。

在网上，曾经流传着这样一段话：学问之美，在于使人一头雾水；诗词之美，在于煽动男女出轨；女人之美，在于蠢得无怨无悔；男人之美，在于说谎说得白日见鬼。这里有个故事，正好印证了上面这个段子！

一天晚上，女人没有回家，第二天她告诉老公说，她昨晚睡在一个女同事的家里。老公将信将疑，但还是给老婆最要好的 10 个朋友打了电话，结果没有一个朋友知道这件事。

可是，角色互换，情况就大不相同了。晚上，男人没有回家睡觉，第二天，他和老婆说："我昨晚睡在我单位里的一个兄弟家里？"老婆也是将信将疑，也给他 10 个最好的兄弟打了电话，结果，80% 的兄弟都说他老公昨晚睡在他们家。还有两个说，她老公现在还睡在他

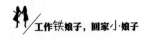

们家呢！

有个人在被窝里把这个故事讲给老婆听，没想到老婆兴致大发，为了验证这个故事里的事情能否真正地发生，马上来了个现买现卖。老婆立刻抓起电话，当着老公的面给老公的第一个朋友打去了电话，一接通电话，就和对方说："我老公这么晚了还没回家，是睡在你那吗？"

对方停顿了一下，但是很快就回答说："哦！是啊！他和我今天喝酒喝多了，就睡在我这儿。"老婆放下电话后，立刻又给第二个朋友打了过去，结果可想而知，前八个兄弟是众口一词，再次论证了上述观点。

最离谱的是最后的两个兄弟，还告诉他老婆说，现在他老公就睡在他旁边，要不要现在就叫醒他起来接电话？老婆沉默了一会儿，说："不用了。"然后，便放下了电话。没多长时间，老公的手机就响了起来。

这个人刚接通电话，对方马上大喊："在哪呢？快回家吧，你老婆找你呢，我说你在我家喝多了，已经躺在我这儿啦！现在赶快回去，别忘了到家前先喝上两口酒⋯⋯"

故事说到这里大家似乎已经明白了，这就是男人，这也许就是男人的豪情仗义。我觉得，大部分男人都有这种通病，这正好验证了这样一句话："也许脱掉衣服的男人都会流露出最本色真实的人性。"

男人是一个喜欢兴奋的动物，在那极度兴奋的一刻，有时在酒精的麻痹下，有时是为了取悦女人，有些话就会不假思索地从他们嘴中冒出来，因此，男人比女人更喜欢撒谎。

这时的男人，他们的大脑正处在一种不假思索的状态中。他们能把许多荒唐事做得滴水不漏，几乎不留任何的蛛丝马迹；他们游刃于风花雪月，乐此不疲，然后在愤愤不平的女人面前做无辜和委屈状，说："我真的很烦应酬，但人在江湖，身不由己啊！"

男人和女人都会有谎言，但从内容到性质却有着天壤之别：女人撒谎是为了取悦听众，而男人撒谎，则多半是为了抬高自己或者表现自己的大男子主义。要知道，重要的不在于男人为什么喜欢撒谎？而是要看他是什么样的人，是不是一个顾家的人？要看夫妻感情关系的牢固程度。

如果一个谎言不会伤害夫妻感情且无关痛痒，不经意地从一个男人的口中顺口而出，女人就不必太介意，没有必要去揭穿他。因为，如果要真正地了解一个男人，需要用一生的时间来寻找答案。

把自己的婚姻完美胜出是她们一生童话般的梦想！对于女人来说，最看重的永远是婚姻，女人会把婚姻的成功当成是人生最大的成功。其实，很多女人尤其是"三高剩女"并不是不敢裸婚，只是害怕柴米油盐浸透了浪漫，爱情在贫贱面前无处容身。一个男人，可以不够有钱，但一定要给你爱的女人信心。女人可以吃苦受穷，但前提是：那个男人对她的爱，值得让她去熬煎。

痛苦，来自不对称的对比

为什么有人本来生活在幸福中，却总是让心灵在痛苦中煎熬？这是因为，许多人习惯了首先盯住生活中的"黑点"：一个困难，一次挫折，一回失败，一点缺憾，甚至一点小小的不如意，而看不到自身的价值和已经获得的成功，看不到自己本来已经拥有的幸福生活。

佛说：人有八苦，生苦、老苦、病苦、死苦，爱别离苦，求不得苦，怨憎会苦，五蕴炽盛苦。只有将身心放空，才能"人离难，难离身"，才能将一切不幸和苦难化为尘土。

每个人的一生都是有苦有乐，相互交杂：知其乐，忘其苦；明其心，苦其志；追其型，忘其意。自己所说的、所想的、所做的、所用的、所放弃的、所喜欢的、所抱怨的、所担心的、所忧虑的……都是一个人心志的体现。生老病死，爱恨情仇，悲欢离合，阴晴圆缺，坎坷迷离，伤痛落失，众叛亲离，流离失所……凡此种种，都是苦的表象。

1. 人的痛苦之源

痛苦来自不对称的对比，女人要了解佛教所说的人生八苦，了解人的痛苦之源。

（1）人生第一苦——生苦

佛说：现实世界是痛苦的！我们生活在这世界上，本身就是痛苦的。生生死死，什么时候是个穷尽？痛苦源于本身，痛苦源于活着，因此出生后的第一声就是大声哭泣。

（2）人生第二苦——老苦

佛说：青春易逝，少年不再！所有美丽的想念都会削隐于日渐深刻的皱纹，一边活着，一边已经死了。人的本体随时都在新生和死去，相对于昨天来说，你已经老了，生息代谢的变化人怎么能控制呢？

（3）人生第三苦——病苦

佛说：天有不测风云，人有旦夕祸福！生活在残酷的现实之中，有谁能保证不受到病魔的折磨？人吃五谷杂粮哪有不生病的？随时的病痛，都会让女人饱受疾病之苦。

（4）人生第四苦——死苦

佛说：死亡并无所谓痛苦！死亡的事实给活着的人带来的恐惧远远超过了死亡本身。死亡是新生的开始，轮回是下一个生命体的诞生，但死时的留恋是非常痛苦的。

（5）人生第五苦——爱别离苦

佛说：爱是追求融合、克服分裂的表现！爱上帝是追求精神的统一，爱情人是追求生命的统一；但爱的本身包含的痛苦是人所共知的，问世间情为何物，直教人生死相许？

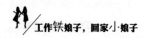

（6）人生第六苦——求不得苦

佛说：人的欲望不能与欲望的对象聚合为一体！欲望如同是拉长的橡皮筋，如果找不到挂靠的地方，就会弹回来打中自己。我们在追求着，痛苦着，同时也在失去着。

（7）人生第七苦——怨憎会苦

佛说：当爱不能弥合时，就会用感性方式来实现——怨恨！所有外在的怨恨都会被反弹回来，伤害到自己；所有内在的怨恨都会伤害到别人。贪恋、私欲则是痛苦之源。

（8）人生第八苦——五蕴炽盛苦

佛说：人所看到的、听到的、想到的、遇到的、感受到的各种形形色色的假象，会让我们迷失自我，陷入痛苦。生活在世上的人，经常会被表象所迷惑，继而深陷其中。

2. 幸运的女人未必幸福，幸福的女人一定幸运

其实，一个非常幸运的女人，如果不用心去发现自己的幸运，这样的幸运带给自己的未必是幸福；而一个善于发现身边幸福的女人，一定是幸运的，因为她能够发现和感知、感恩这份幸福，因此幸运也会源源不断地来到她身边。

大家一定听说过潘多拉的故事：由于受到众神的祝福，潘多拉变成了一个完美幸福的女人。但是由于太完美，让她觉得生活少了点什么。于是，她打开了那个盛满罪恶的盒子。

听完这个故事，你是否觉得这个女人很笨？放着好好的幸福不要，偏偏要去碰那个罪恶的盒子。可是仔细想想，如果世界真的能够变成天堂，

没有战争、没有饥饿、没有罪恶，只有幸福和安宁，那么人们生存的动力会变成什么呢？人生八苦，真的很苦吗？

我们总是仰望和羡慕着别人的幸福，一回头，却发现自己正被仰望和羡慕着。其实，每个人都是幸福的，只是你的幸福常常在别人的眼里！

荷兰阿姆斯特丹大学心理学教授尼科·弗里达认为，即使引起愉快感觉的环境一直存在，这种感觉也很容易消散。可是，消极的情绪却会伴随着环境而持续存在。就是说，人类很容易适应快乐，却永远不能习惯悲哀。

西班牙《趣味》杂志援引弗里达的话说，情感是不对称的。和消极情绪比较起来，积极情绪的强度更弱一些，而且持续的时间更短。不对称论认为，如果从前曾让我们沉迷并带来快乐的事情不断重复，就会变得乏味，但消极的情绪却不会如此。

3. 痛，说一次就复习一次

为什么有人本来生活在幸福中，却总是让心灵在痛苦中煎熬？这是因为，许多人习惯了首先盯住生活中的"黑点"：一个困难，一次挫折，一回失败，一点缺憾，甚至一点小小的不如意，而看不到自身的价值和已经获得的成功，看不到自己本来已经拥有的幸福生活。

> 有只猴子，肚子被树枝划伤了，流了很多血。它看到另一只猴子，于是就扒开伤口说："你看我的伤口，好痛！"每个看见它伤口的猴子都安慰它，告诉它不同的治疗方法。
> 这只猴子不断地给朋友们看伤口，继续听取意见，后来它因伤口感染死掉了。一个老猴子说，它是自己把自己弄死的。

如果我们的眼光总是集中在困难、挫折、烦恼和痛苦上，那么，我们的心灵就会被一种渗透性的消极因素所左右，就会把"黑点"看成大片阴影，甚至是天昏地暗。

其实，这种倒霉透顶的感觉并不真实，而是一种含有严重夸大和歪曲的消极意识和心理错觉。这种心理倾向习以为常却又十分荒谬，这也许正是我们的人生走向失败的心理渊源。

为什么有的人生活似乎已经山穷水尽，却能让自己走向柳暗花明？这是因为，他们善于看到生活中的"白点"：善于在黑暗中看到光明，即使是在似乎无望的生活中，也能看到希望的阳光。

心怀希望的阳光，不仅会给我们的人生注入强大而神奇的精神力量；还会让我们积极地面对生活的困境，把困境带来的压力升华为一种力量，引向对己、对人、对社会都有利的方向；如此，不仅可以获得人生的成功，还可以获得积极的心理平衡，收获心灵的幸福。

幸福是一种心情，它是懂得珍惜，是一种内心的知足，是一种随遇而安的心。一杯淡水、一壶清茶可以品出幸福的滋味；一片绿叶、一首音乐可以带来幸福的气息；一本书籍、一本画册可以领略幸福的风景。幸福不仅在于物质的丰裕，更在于精神的追求与心灵的充实。

幸福是早春里的一缕阳光、盛夏里的一泓清泉、初秋里的一习凉风、严冬里的一堆篝火。其实，幸福无处不在，无时不有，幸福就在我们身边！

清晨，睁开眼睛，看到爱人在忙碌，是一种幸福；

夜晚，回到家里，看到爱人在等候，是一种幸福；

起床时，能喝上一杯热茶，是一种幸福；

生日时，爱人送礼物给你，是一种幸福；

酷热的夏天，喝上一杯凉开水，是一种幸福；

坐在电脑旁，轻轻地敲击键盘，是一种幸福；

外出归来，有惦念自己的爱人在灯下等你归来，是一种幸福；

空闲时，和亲密的朋友背上行囊，踏着青山绿水融入山水间，是一种幸福……

只要你感受着，幸福就会在你左右，不会走远。如果你的工作是快乐的，那么人生就是幸福的！

红杏出墙，是红杏错了还是墙错了

从人类社会发展史来看，男女都有一种向上、向美的天性，男女都本着追求幸福的终极目标找寻另一半，因为被设定为另一半，所以对对方的期待值自然就高，但丰满的期待却往往敌不过骨感的现实。当初，童话般的爱情却在不完美的现实中一点点地被泯灭。当我们回头去分析一些离婚案例时不难发现，很多婚姻本身并没有缺憾，遗憾的是彼此都遗失了欣赏对方的心态和眼睛。

1. "红杏出墙"缘何来

红杏出墙最早的出处，可能是宋代的话本《西山一窟鬼》，其中，形容女子有"如捻青梅窥少俊，似骑红杏出墙头"。这个话本说的是，裴少俊和李千金不顾礼教的恋爱情事。

元代白朴根据这个话本，还写成著名杂剧《墙头马上》。到了元代以后，"红杏出墙"的用法就愈加明显起来。比如，"恰便似一枝红杏出墙头，不能够折入手，空教人风雨替花羞"。到了近代，"红杏出墙"的用法就固定了下来。鸳鸯蝴蝶派的刘若云，还写了名作《红杏出墙记》。

由于"红杏""墙头"在古代文学中的特殊地位，所以，"红杏出墙"通常只是一种含蓄的指代，并且暗指这种出轨是事出有因的，含有淡淡地"风流"褒义。

2. "红杏出墙" 事出有因

"外遇"这个词在以前听起来还有些刺耳，可是在今天，虽然谈起与外遇有关的人和事还免不了些许的神秘，但人们似乎已经将发生外遇看成了一件很平常的事情。这里"有意出墙"和因"自然生长而出墙"两者则有本质的区别。

3. 女人出墙

我们先来说说女人出墙，虽说"女为悦己者容"，但中国古代在道德与伦理上对女人的束缚，已经固定成为一把无形的枷锁，要想劈开这把无形的枷锁是非常难的。女人如果红杏出墙，常常是因为墙年久失修，太矮了或者早早地被弃之而致使被自然地出墙了。

（1）弦断无人听

风情万种的才情女子，偏偏嫁给了木头人或者肌肉男。这种男人永远都不可能对落叶秋风或者飞雪骄阳产生莫名的感触，并视此种举动为无知可笑。

女子想象中一直有一位优雅的书生存在，可以和他笑傲江湖，和他一起观赏风花雪月。一旦这位书生知音出现，她就会被其吸引。

（2）山外青山楼外楼

最好的男人在哪里？他既不会在你身边，也不会在你眼前，永远都在未知的将来。

很多女人都认为，下一个男人就是最好的。这种想法存在于众多女人的心底，从来不敢公布于众。但是，她们却一直都在寻找，直到芳华不再的那一天为止。

（3）贫贱夫妻百事哀

不管怎样，他都是一个大好人，对你也很好。在过去，你认为如此便已足矣，你愿意和他白手起家，一点一点地筑起自己的"小窝"，果真也这么做着。可是，有一天你体验了宝马香车，看到了星光闪闪的豪华酒店，爱的"小窝"便轰然坍塌，成为一个被物质引诱的女人。

（4）寂寞嫦娥舒广袖

老公虽然好，但远在千里之外。身边的这个男子虽然一般，却让你感受到了亲切可感的温度。你从来都不会拒绝这样的男人，你会展开长长的袖子，轻轻地拢他入怀。虽然你也会感到羞惭不已，但却停不下来。

（5）你是风儿我是沙

虽然老公身上没有任何品德上的毛病，但在他身上很难捕捉到应有的生命活力。而那个陌生的男子却让你嗅到了他有力的呼吸，听见了他蓬勃的心跳，你控制不了自己向他那一方倾斜。

（6）蓦然回首，那人却在灯火阑珊处

原以为那个人只是少女时代的梦幻，现实中并不存在。之所以要结婚，实际上是出于年龄的逼迫。可是，有一天他终于出现了，却是在你婚后。

（7）醉里吴音相媚好

老公是一个事业上的英雄，所向披靡，引来无数女人的艳羡。可是，你在他心里，却位置低微。闲时他和你略作温存，忙时你不过是一粒尘埃。有句词说的好："醉里吴音相媚好，白发谁家翁媪？"海伦为什么会离开英勇善战的斯巴达王，甘愿跟那个小白脸帕里斯逃往特洛伊城？就是这个原因。

（8）温暖的眼神

其实，事情是非常简单的，你只不过是难以抵挡他如父兄般温暖的眼神罢了。丈夫将你娶到家后，便将你当成了他天然的母亲和一个不用支付工资的保姆，像个任性的孩子，可以在你面前暴露他的贪婪、无知、懒惰，并将此作为爱的象征，作为亲情诞生的标志。起初你也这么认为，但有一天你累了。于是，他像上天安排的一样，出现在了你的眼前。

4. 男人出墙

我们再来看看男士们，为什么婚后多数男人觉得老婆还是别人的好？

古人云："入芝兰之室久而不闻其香"，这是一个远瞻与近窥的问题。再漂亮的女人，也架不住天天看，月月看，年年看。看得久了，不是不漂亮了，而是习以为常了。但这些也只是流于肤浅的审美，觉得自己老婆不经看的男人们大多也不懂审美的深层次意味。法国流传有这样的说法：一个女人，若没有极丑的时候，也就没有极美的时候。女人的美丑，总是立体呈现、辩证相存的。女士的永久魅力不可能完全甚至一点儿也不在于外表，而在于内在的气质。谁都会有"春尽红颜老"的时候，而时间会让气质更成熟。

角度不同，审美的标准便不同。有这样一个笑话：一天黄昏，一位男士看见前方有位妙龄女郎在赶路，他不由得加快脚步去欣赏，当追上女郎时，没想到令他神魂颠倒的人竟然是自己的妻子。这位男士感叹道："原来自己的妻子也是这么美丽！"

丈夫欣赏自己的老婆和欣赏别的女人所站的角度完全不同，男人看妻子是站在丈夫的角度，丈夫总希望自己的妻子完美无缺，胜人一筹，要"出得了厅堂，下得了厨房"。而男人看别的女人则大多是从朋友、同事、同学的角度去观察，交往中务必谦恭、友爱，处处表现绅士风度，即便是在街头也觉得在街上匆匆而过的女人个个靓丽。从这种思想出发，见别的女人当然可爱至极，人家温柔体贴、美貌楚楚动人，自己的妻子则缺乏风度。这种"求全心理"往往以人之长比妻之短，于是就感到自己的妻子不尽如人意。殊不知，自己的老婆在别人家老公眼里也是好老婆一枚。所以，"老婆总是人家的好啊"。当你在如此感慨的同时，邻家的男人，脑海里也一定浮现过你家的太太的身影……

婚后，女人在老公面前的形象无所顾忌，因此让老公觉得别人老婆的好，对此自己也需要负点责任。一般来说，"待嫁闺中"的小姐，很在意自己的形象，热心于"当窗理云鬓，对镜贴花黄"。一旦嫁为人妻，成为人母，有的人不要说美容院，恐怕连镜子也懒得照了，一副"老娘就这样了，怎么着？"的架势。这种被自家老婆亏空的福利自然便只能从别人家老婆那补补了。由此便导致老公看到自己家的老婆丑的时候比较多，看别人家老婆美的时候看到的比较多。

5. 红杏出墙错在谁

叶子的离去，是风的追求，还是树的不挽留？《道德经》第二十五章有言："人法地，地法天，天法道，道法自然。"这里的"自然"是一种"无状之状"的自然。其意思是，人受制于地，地受制于天，天受制于规则，规则受制于自然，万事万物的生长都要符合自然规律。

再则，现代版的"红杏"，实际上是指优秀的精英男士或女士。这一群人士经历了十几年、几十年甚至几代人的奋斗与沉淀而步入精英阶层，是社会的稀缺资源，由于他的稀缺性，追捧和仰慕的人自然就多了，再加上人类本身向上、向美的天性使然，出墙往往也在不知不觉中。所以有句话说得好，"只有不努力的原配，没有不努力的小三"。不管男人、女人，唯有锐意进取、精进学习之人，方可沉淀出不朽的魅力。在电视剧《中国式离婚》中，原本非常优秀的女主角林小枫因为长期在家当全职太太，长时间与社会脱轨造成的不自信，再加上大量的时间无法打发，造成所有的精力过度集中到了事业如日中天的丈夫宋建平身上，致使家庭不和而网恋，没想到却中了丈夫宋建平的圈套，夫妻之间信任的根基彻底被瓦解，婚姻以解体而终。

红杏出墙，与现代社会的道德观念与法律观念显然是相悖的。即便是处在男人可以"三妻四妾"的封建社会里，不管男女出墙都为之付出了惨重代价。历史上曹操的好色是公认的，晋陈寿《三国志·魏书·武帝记》注引《曹瞒传》曰："太祖为人佻易无威重，好音乐，倡优在侧，常以日达夕。""倡优"说得好听是戏子，说得不好听就是妓女，曹操喜欢一天到晚沉湎于温柔乡中。而曹操最后的战败可以说与他觊觎别人的老婆有着至关重要的关系。

其中最惨重的代价就是在曹操带兵攻打张绣的宛城时。张绣在谋士贾诩的建议下投降了曹操，而曹操进了宛城后，仗着自己是胜利者，将张绣的叔父张济的妻子据为己有。张绣听说此事后，觉得受了奇耻大辱，愤恨之余，决定反曹。他率军夜袭曹操大营。当时曹操正忙着和张绣的婶婶对酒淫欢，没有一点防备，被杀得丢盔卸甲，一路狼狈跑到舞阴（河南泌阳）。曹操这短暂风流的代价却不小，自己的亲兵队长典韦战死，长子曹昂、侄子曹安民也命丧乱兵之中，就连曹操本人也中了一箭。

而儿子曹昂的死让曹操的结发之妻丁夫人悲恸欲绝，为此与曹操离异。曹操也因此对丁夫人始终心存内疚。据《三国志·后妃传》裴松之注引《魏略》中记载公元 220 年，曹操在洛阳一病不起，临终前还在念叨："我一生所作所为，没有什么可后悔的，也不觉得对不起谁，唯独不知到了九泉之下，如果子修问我，'我的妈妈到哪里去了'，我该怎么回答。"

从人类社会发展史来看，男女都有一种向上、向美的天性，男女都本着追求幸福的终极目标找寻另一半，因为被设定为另一半，所以对对方的期待值自然就高，但丰满的期待却往往敌不过骨感的现实。当初，童话般的爱情却在不完美的现实中一点点地被泯灭。当我们回头去分析一些离婚的案例时不难发现，很多婚姻本身并没有缺憾，遗憾的是彼此都遗失了欣赏对方的心态和眼睛。

爱，不是合不合适，而是珍不珍惜

真的没有合适不合适，只有珍惜不珍惜，能一起牵手、一起成长便是幸福！

刚搬进这个房子的那天，卢红整理完全部东西，最后拿出一个非常精致的玻璃瓶，对男朋友说："亲爱的，3 个月内，你让我每哭一次，我就往里面加一滴水，代表我的眼泪。要是它满了，我就收拾东西离开。"

男朋友不以为然，有点纳闷："你也太神经质了吧！这么不信任我，还有什么可谈？我让你搬过来和我一起生活，是为了照顾你，不是欺负你！"

卢红说："好男人不会让心爱的女人受一点点伤，我会记录下我为什么流泪，不会是莫名其妙的。""那好吧，抱抱！"说完，两人便拥抱了一下。

两个月后，卢红把那瓶子给男朋友看，说："已经满一半了，在两个月内，我们是否有必要查看一下是什么问题呢？"说完，递给男朋友一本精致的小笔记本。

男朋友没有马上打开来看，他的表情里有一丝惊讶，还有点哭笑不得的意味。男朋友打开本子开始看，看到卢红写了那么多，他感到很惊讶。

男朋友一边看着，卢红一边说话："第一次吵架，是在第3天，而且还是一大早，你刚醒来有点懵懂，挤的牙膏不知道怎么的飞到镜子上了。那是我刚擦干净的，我说：'你连挤牙膏都不会啊！'你就来脾气了，然后吵起来……"

男朋友沉默着。卢红继续说："有天晚上，因为水太凉，我让你帮忙洗下衣服。可是，你只顾着玩游戏迟迟不肯动，后来吵了起来。看到你忘记了我的生理期不能碰冷水，我感到很失望、委屈……"

"还有一次，我很累了，明明知道我特敏感，有点神经衰弱，哪怕一点点敲键盘的声音都能让我难以入睡，你依然不肯去洗澡睡觉。情急之下，我就说：'你这人真自私！'然后，我们便吵了起来。为了说明自己不自私，你说了一大堆理由，事后出去上网通宵。我打你电话，你没带手机，我又不敢自己一个人去找你……"

卢红这时有点激动了，眼球开始泛红，说："还有一次……"男朋友打断了她的话："亲爱的，别说了……"

沉默……长久的沉默……

最后，还是卢红打破了沉默："是不是我们真的不合适？如果是这样，结婚了还是会离婚吧？我们的个性那么强，谁都不肯退让。"气氛有点尴尬。

本子里记录的事情都是细小的事情，每次吵架的原因都是如此简单，男朋友看着这个本子，似乎在体会着卢红的心情。卢红很细心，把事件、心情都写了出来，还总结了一下原因。男朋友这才发现，原来最微小的事情累积起来是很让人痛苦的。

"亲爱的别难过……"男朋友终于说话了，"我请个假，我们去旅游吧。"

很快，他们就到了第一次一起旅游的地方。在这里，唤醒了太多美好的回忆，这时候他们才发现，原来彼此是那么深深地爱着对方。这时，女人特别温柔，男人特别体贴。

"亲爱的，你还认为我们结婚之后，会离婚吗？"男朋友问。

"我想不是我们不合适，现在我们是那么快乐，一切都那么美好，可是一回到现实生活里，为什么就变了呢？"

"亲爱的，难道我们现在不在现实里吗？"

"……"卢红愣住了。

"过去，我们都把注意力集中在了负面的事物上，并且放大了那些负面的心情。我们都喜欢找对方不爱自己的证据，彼此个性都很倔，不肯服输，太要面子。"

卢红想了想，确实如此！

"还有半个月，如果到时候瓶子还是半瓶，那么，亲爱的，嫁给我吧！"

卢红钻进了男朋友的怀里，笑开了颜。后来他们结婚了，很少再吵架。

是啊！爱情真的没有合适不合适，只有珍惜不珍惜，能一起牵手、一起成长便是幸福！

过错是暂时的遗憾，错过是永远的遗憾

1. 婚姻，选择最重要

婚姻的选择是一种艺术。无论你怎样选择，都会让自己留有遗憾。

婚姻是一次选择，既不是为了排遣寂寞，更不是为了寻找一张长期的饭票。不管你选择了谁，都是一次投资；无论选择原始股、潜力股，还是颠峰股，都需要承担风险。

在这个过程中，选择是最重要的！你掌握着自己的选择权，既可以选择是否要结婚，也可以选择跟谁结婚，但是这种主动权不是绝对的。当遇上爱情或者错过最佳的选择时机时，主动权就会不由自主地交付给别人。可是，无论怎样选择，上帝总是在你选择时，实行中庸之道，不会让你完美，也不让你完全绝望。

柏拉图与苏格拉底有这样一段对话：

有一天，柏拉图问老师苏格拉底："什么是爱情？"苏格拉底对他说："到麦田走一次，不要回头。在途中摘一株最大最好的麦穗，但只可以摘一次。"柏拉图觉得很容易，自信地走了出去。

最后，他空手而归，垂头丧气地出现在了老师跟前："每次看到一株看似不错的，我都觉得它不是最好，因为只可以摘一次，只好放弃。就这样，当我走到尽头时，才发觉手上一株麦穗也没有。"这时，苏格拉底告诉他："那就是爱情。爱情是一种理想，而且很容易错过。"

在寻找爱情的过程中，女人一般都凭着内心的感觉，怀着一颗贪欲的心，期望得到世间最好的那株"麦穗"；可是，她们又永远不觉得身边的"麦穗"好，于是错过了一次又一次，最后空手而回。

自以为可以拥有一份可以海枯石烂的爱情，却无法天长地久，"非你不可"的爱情最终会随着时间的消逝而灰飞烟灭。也许是因为那个"非你不可"的人和你在性格上不能融洽，只是心灵的距离很近而已；也许在冥冥之中，你需要用刻骨铭心的痛来偿还上辈子欠下的情债，然后在平淡的温暖中，接受另一份执着的爱与追求，走入婚姻的殿堂，只是找到了一个身心的归宿。

2. 用最美的眼睛遇见最幸福的婚姻

只有懂得遗憾的艺术，有创意地去发现和接受，掌握天时、地利、人和的铁律，才会明白谁是最好的、谁是最适合你的！

有位大师受邀到大学演讲。

在演讲前，他拿了一张很大的白纸贴在墙上，然后在白纸上画了一个小黑点，之后，他找了一位学生，问他："你看到了什么？"

那位学生说："那是一个黑点。"

这位大师接着又问了许多人，每一个人都说："那是一个黑点。"

大师笑了笑说："你们说的都没错，这里是有一个黑点，但你们为什么都没注意到这张大白纸呢？"

如果你的脸上长了一颗痘，你的注意力是集中在这颗痘上，还是其他干净的部位？

如果你跟某个人闹翻了，你整个思绪是集中在这个人的身上，还是其他好友的身上？

我们经常都把注意的焦点放在缺点上，以至于把问题过度放大。其实，除了这些小黑点之外，还有更多的空白，不是吗？

爱情与婚姻总是不能两全的，更不是唯一的。如果将三支同样明亮的蜡烛放在一起，当你拿起任何一支放在眼前的时候，总会觉得它比其他的亮。所谓爱由心生，如果你爱对方，用心去看就会觉得它是最亮的；当你把它放回原处时，你却找不到一点最亮的感觉，这种所谓的"最后的、唯一的爱"也只是镜中花、水中月。

对感情过分追求完美的人，总是希望自己能够得到爱情、面包两全的婚姻；携手走进婚姻殿堂的那一瞬间，总以为白雪公主与王子的完美生活从此开始。其实，穿上了炫目的白色婚纱也只是瞬间的白雪公主，在热情洋溢的婚礼后，终究要面对真实的生活。不仅要面对婚姻带来的"正面"完美，还要承受"背面"的真实。于是，婚后很多女人就会发现，婚姻的前奏不一定需要海誓山盟的爱情，即使身边的他不适合你，也已经成为一种习惯，成为生活中的一种难以割舍的情。

毕淑敏在《成千上万的丈夫》一文中说，有的植物相生相克，有的植物势不两立，有的植物"你好我也好"。人也是这样！对于女人来说，"有成千上万的男人，可以成为我们的丈夫"，只要找到了适合你的那种类型，就可以了。

许多女人迟迟不肯结婚，寻求那个"唯一"，乐此不疲地在茫茫人海中海选着；结了婚的女人，仍然认为自己不够幸福，为当初的选择感到后悔。其实，婚姻的选择是一种艺术。无论你怎样选择，都会让自己留有遗憾。只有懂得遗憾的艺术，有创意地去发现对方的美，发现生活中点滴的幸福，掌握天时、地利、人和的铁律，才能遇见幸福的婚姻。

爱情，是一种习惯

1. 爱情，来自习惯

人是一种富有感情的动物，对方都那么热情了，温度都传到你心里了，你能不动摇吗？很多时候，爱就是一份坚持。如果有一天你习惯了一个人，他也习惯了你，请不要丢掉这个习惯，因为爱情本来就是一种习惯。

在印度或泰国，很多游客都会看到这样一幅荒谬的场景：

一根小小的柱子，一截细细的链子，能够将一头千斤重的大象拴住，是不是有点荒谬？可是，这种荒谬的场景在印度和泰国随处可见。

那些驯象人，在大象还是幼象的时候，会用一条铁链将它绑在水泥柱或钢柱上。无论小象怎么挣扎都无法挣脱，渐渐地小象也就习惯了这种方式，不再挣扎，直到长成成年的大象。这时候，虽然它们可以轻而易举地挣脱链子，但是也不会再挣扎了。

无独有偶，有个驯虎人本来也像驯象人一样成功，他让小虎从小就吃素食，渐渐地，小虎长大了。老虎由于不知道肉味，自然不会伤人。可是，驯虎人却犯了一个致命的错误——他摔倒之后，让老虎舔净了他流在地上的血。老虎一舔而不可收，最后便将驯虎人吃掉了。

不可否认，小象是被链子绑住的，而大象则是被习惯绑住了；驯虎人已经习惯于老虎不吃人的事实，结果却让自己死在了老虎口下，他也是死于习惯。

有时候，习惯就像是一种慢性毒药，不管你有没有发现，都会悄无声息地侵入你的骨髓。动物如此，人也如此，爱情有时更是如此！其实，爱情就是一种习惯，你习惯生活中有他，他习惯生活中有你。一旦两个人相处的时间长了，自然就会彼此依赖。

有些女人会说：其实我真的不喜欢××，只不过生活中早已习惯了他，好像不能没有他而已。殊不知，牢靠的爱情本身就是一种习惯，不是不爱而是爱在其中、迷在其中。

恋爱时期的爱情，通常都是盲目的，有时候连自己都不清楚是否爱对方？对方究竟哪里吸引了自己？但是有一点可以肯定的是，如果你喜欢和某人在一起，每天都想见到他，一日不见如隔三秋，至少可以证明你是喜欢他的。

一般来说，绝大多数的人都喜欢以貌取人。如果对方长得比较帅、漂亮，符合自己的审美标准，就会有下一步的计划。如果第一次见面就讨厌对方，基本没戏。但这种情况对于另外一种人就不管用了，比如：有些人喜欢穷追不舍，为了追到你，他们会想出各种办法取悦你；只要是出自真心，有些女人最终会被他的真心所打动。

人是一种富有感情的动物，对方都那么热情了，温度都传到你心里了，你能不动摇吗？

很多时候，爱就是一份坚持。

恋爱的时候，你可能并不完全了解对方的喜好，也不知道对方的品性，只是在彼此面前乐于表现自己的优点，而把缺点隐藏得比较好。在朦胧的爱意里，你是看不到对方的缺点的。无论对方做什么，女人只会顺从得如同一只小绵羊。这时候，在彼此的眼里对方都是美的，这就是所谓的"爱的完美篇"。

随着时间的推移，随着两个人的进一步了解，就会给对方留下不同的感觉，这时候有些女人就会指责男人的不是。比如：你怎么就那么笨？你的脾气怎么那么火暴？你说话怎么这么粗鲁？……诸如此类的话，多如牛毛。

其实，这些坏习惯都不是一两天养成的。只不过，在开始阶段彼此都缺少观察与了解。这时候，虽然你已经有了一定的反抗意识，心里也多出了一些不满，可是也不愿意就此放弃。于是，就会再给彼此一个机会，走一步看一步。

慢慢地，当彼此之间的了解更加透彻的时候，生活里的一些小摩擦、小矛盾，也就慢慢解开了。磨合期一过，彼此就会慢慢接受事实。这时，女人就会想"他就是那样的人，我没必要与他计较"。因此，你的心里会平和许多。

再后来，你就会对男人多关注一些，想方设法地帮助男人改正缺点。可是，男人有点不愿意接受你的提议，有点固执己见。有时候，还会和你吵一架，冷战十天半个月。经过一段时间之后，男人就会想通了，知道你是为他好，尽量接受你的提议。

试想，如果一个人不爱你，他会管你吗？每个人的精力都是有限的，没必要将自己的时间都花费在一个与自己毫无关系的人身上。其实，你所在乎的人就是你爱的人，因为只有爱一个人的时候才会处处为他着想。婚姻中的女人，不要盲目地去责怪自己的丈夫，不管在什么情况下，都要具体问题具体分析。

2. 爱情，可以迟到，但不能早退

> 爱一个人，就等于习惯了这个人；如果换了别人，你肯定很难接受，不但接受起来困难，还要做比较，你的生活里就会无故多出几分伤感和烦恼。

爱情是个奇妙的东西，最初你不爱的那个人，可是随着时间的改变，对方很可能就会成为你最爱的人。在这期间，虽然不知道究竟是什么改变了你对他的看法，但是他一定付出了很多。一个愿意为爱付出的人，上天肯定是眷顾他的，慢慢地你就会发现，身边的人也很不错！虽然不是自己心中的白马王子，但至少人家是真心待你。爱情是可以通过时间来见证的，一个男人一时对你好，这不算好；只有一辈子对你好，才叫好。

生活中有很多种爱，有些爱是表面的，有些爱是内心的；有些女人喜欢帅哥，有些女人喜欢熟男，有些女人喜欢才子，有些女人喜欢财男……正所谓大千世界无奇不有！不管你选哪个，都要选自己所爱，爱自己所选。只有这样，在爱的旅途中，你才会感到不疲倦，才会无怨无悔。

爱情与生活有着密切的联系，谈恋爱不是玩儿戏，真正意义上的爱情是找一个人过日子。过日子与谈恋爱有着本质的区别，如果光谈恋爱不结婚，这样的爱是没有结果的，不必太认真。因为到最后往往都是爱得最深的那个人受伤，因为太爱，所以会疼。爱一个人时间久了，自然就会习惯了他的一切：他的样子、他的笑、他的美、他的好、他的坏……

如果在未来的某一天，对方向你提出分手，你肯定会感到痛不欲生。你觉得，离开他不能活，你会想尽一切办法去挽留，可对方已经死心了，你心中的火再烈也点燃不了他的心。不管你爱得多一点，还是爱得少一点，至少彼此是习惯了对方的。如果他不爱了，并不代表他不习惯你了，而是那种习惯在爱离去的时候已经慢慢褪色了。

生活中有些习惯一旦形成，是很难改变的。你喜欢一项工作，如果有一天因为某种原因你不得不换工作，你肯定会感到很委屈，甚至不能接受。对于一个左撇子来说，吃饭干事都习惯了左手，突然让他用右手，他也肯定不习惯。爱情也是如此！爱一个人，就等于习惯了这个人；如果换了别人，你肯定很难接受，不但接受起来困难，而且还要做比较，你的生活里就会无故多出几分伤感。

爱情本身就是一种习惯，千万不要轻易去换掉你的爱人。因为爱情不是工作，工作丢了，还能找回来；可一旦将爱情弄丢了，就再也找不回来了。即使找回来了，也不是原来的爱，爱你的那个人也不是原来的那个人。如果有一天你习惯了一个人，他也习惯了你，请不要丢掉这个习惯，因为爱情本来就是一种习惯！

放手快乐

1. 女人，要学会放弃

放弃是一门艺术，它不是让你盲目地逃避，而是要让你明白：与其这样痛苦地维系，倒不如放弃！学会放弃，就要在落泪以前转身离去，留下一个简单的背影；将昨天埋在心底，留下最美好的回忆。要让彼此都能有个更轻松的开始，遍体鳞伤的爱并不一定就刻骨铭心！

一个女孩和男朋友分手了，哭着去见上帝。上帝问她："你为什么这么难过？"

女孩回答说："他离开了我！"

上帝接着问："你还爱他吗？"

女孩重重地点头。

"那他还爱你吗？"

女孩想了想，伤心地哭了。

上帝笑着说："由此看来，该哭的人应该是他，你只不过是失去了一个不爱自己的人，而他失去的是一个深爱他的人！"

世界很大，大到很多人一辈子都没有机会遇见。有时，这个世界又很小，小到一抬头就能看见他的笑脸。所以，当两个人相遇时一定要心存感激，相爱时一定要互相珍惜，转身时一定要动作优雅，挥别时一定要面带微笑。一个不懂珍惜你的男人，不值得你为他悲伤！

人的一生中，有三种东西是无法挽留的：生命、时间和爱。人生最痛苦的，并不是没有得到所爱的人，而是所爱的人一生没有得到幸福。有这样一个故事：

夏天的傍晚，一个美丽的少妇投河自尽，被正在河中划船的白胡子艄公救了起来。

"你这么年轻，为什么要寻短见？"艄公问。

"我刚结婚两年，丈夫就遗弃了我，孩子也病死了。您说，我活着还有什么乐趣？"少妇哭诉道。

"两年前你是怎么过的？"艄公又问。

少妇的眼睛亮了一下："那时我自由自在，无忧无虑……"

"那时你有丈夫和孩子吗？"

"当然，没有！"

"你不过是被命运之船送回了两年前，现在你又自由自在了。上岸吧。"

少妇回到岸上之后，艄公摇船远走。

少妇揉揉眼睛，就像是刚刚做了一个梦。她想了想，离岸走了。从那以后，她再也没有寻过短见。

2. 善用"放"字，受益一生

爱一个人，就要让他快乐、让他幸福，使那份感情更诚挚。如果你做不到，还是放手吧！因为，放弃也是一种美丽！

放下——放下是一种养心的好方法。擅长绘画的人会留白，擅长音乐的人会留空。何时放下，何时就会获得一身轻松。放下、自在，是禅家的两重至高境界。

放弃——放弃是一种处世的方法。要想获得幸福，就要珍惜自己所拥有的，放弃无法拥有的。重要的是，一旦放弃就不要悔恨。

放置——放置不等于闲置，今天没有头绪可能明天就会出现条理。碰到事情的时候不要操之过急，要慢慢地设法应付，让事情得到圆满解决。

放手——管理不是紧紧地抓住，也不是事必躬亲，要有条理地调动大家的积极性，如果将对方的手脚捆住了，怎么会有活力？

放飞——只有放飞思绪才能天马行空！创造源于想象，想象力远比知识更重要。

放声——压抑是致病的罪魁祸首，在不影响他人的前提下，可以放开喉咙大喊一声。

放眼——能放眼时就放眼，高山流水、云卷云舒，变化无穷，远比眼前的风景要好看得多。

有人说：在爱情没开始之前，你永远都无法想象出你会那样刻骨铭心地去深爱一个人；在爱情没结束以前，你永远想象不出自己深信不疑的爱也会消失；在爱情被忘却以前，你永远想象不到，那样刻骨铭心的爱也会只留下淡淡痕迹；在爱情重新开始以前，你永远想象不出还能再一次找到那样的爱情。

学会放弃，就要在落泪以前转身离去，留下一个简单的背影；将昨天埋在心底，留下最美好的回忆。要让彼此都能有个更轻松的开始，遍体鳞伤的爱一定无法天长地久！

在孤独中沉沦，还是在孤独中升华

和自己聊聊天，尤其是在自己得意的时候和平安无事的时候，唯有如此才能让自己保持赢家的姿态，才不愧为自己心灵最忠实的朋友！和自己聊聊天，不是为了否定自己，而是为了防止片面，找到真谛，否定谬误。

太美丽的人感情容易孤独，太优秀的人心灵容易孤独。为了摆脱孤独，意志薄弱的人会去寻找安慰和刺激；意志坚强的人便去寻求充实和超脱。虽然出发点相同，但结局却有着天壤之别。前者会因为孤独而沉沦，后者则会因为孤独而升华。

世界上做得最久且最可靠的朋友就是自己，而最容易被人忽视又最无法躲避的还是自己。由此可见，最悲苦的孤独不是身边没有知己，而是在心中遗弃了自己；同样，我们最需要的帮助不是来自别人的关怀，而是来自实在而顽强的自助。连自己都不肯接纳自己，怎么能让世界给我们一个位置？连自己都不敢正视自己，怎么能在红尘中找到知己？

　　我们既是自己人生历史的作者，更是自己的读者；我们是自己社会角色的演员，更是自己的观众。可是，很多人经常不注意这些，学会了自我标榜，不愿意自我批判；学会了自我掩饰，很难主动自我曝光。最大的欺骗是自我欺骗，而自我欺骗最大的受害者正是我们自己！为什么不信任自己？为什么不搞明白自己到底一顿吃几两干饭？一天能赶多少里路？

　　把自己当个陌生人，和自己聊聊天，冷眼看看自己的梦想是不是妄想，不带偏见地听听自己的誓言是不是谎言，甚至还可以站起来和自己掰掰手腕较较劲，感受一下自己的能量。同时，还要闭上只想炫耀、推销自己的嘴巴，耐心地倾听一下。这时，我们享有最终的裁判权和最后决定权，但是不能独断地排斥，更不要武断地拒绝，对自己要民主。当你换个角度推敲自己、反驳自己的时候，就会不断完善自己。

　　和自己聊聊天，也不是为了泄自己的气，而是为了平抑偏激，让自己领略到理智，鼓起清醒的志气。自己不是自己的敌人，自己身上的错误、虚伪和偏见却是我们做人的大敌。如果对大敌视而不见，必然会为自己埋下悲剧的种子。很多时候，我们都是自己假想的对手，多和自己较量几回，才能去和别人较量！有时，可怕的不是被别人击败，而是明知自己实力不足、技术欠缺，又不去做些调整和改进。

　　和自己聊聊天，尤其是在自己得意的时候和平安无事的时候，唯有如此才能让自己保持赢家的姿态，才不愧为自己心灵最忠实的朋友！

　　和自己聊聊天，不是为了否定自己，而是为了防止片面，找到真谛，否定谬误。

婚姻，三重境界

婚姻不只是嫁一个男人或娶一个女人那么简单，它有三重境界。第一重境界：和一个自己所爱的人结婚。第二重境界：和他/她的习惯及他的家庭背景结婚。第三个境界：和他/她的理想与追求结婚。

女孩和男孩结婚了，女孩口味清淡，而男孩却非常喜欢吃辣。

平时，女孩经常去父母家蹭饭吃。一天，父亲做的菜有点咸，母亲默默地拿来水杯，放在桌上；然后，夹了一筷子菜，将菜在清水里荡一下后，重新放入口中。忽然，女孩从母亲细微的动作里领悟到了什么。

第二天，女孩在家做了丈夫爱吃的菜。当然，每一个菜里都放了辣椒。只不过在她的面前多了一杯清水。男孩看着她津津有味地吃着清水里荡过的菜，眼睛里有轻微的湿润。

之后，男孩也争着做菜。但是菜里面已经找不到辣椒了，只不过在他的面前多了一碟辣酱。菜在辣酱里蘸一下，每一口，他都吃得心满意足。

为了爱，也为了自己，男孩坚守着一碟辣酱，女孩坚守着一杯清水。因为他们懂得，怎样坚守一份天长地久、细水长流的爱。爱，不仅需要相濡以沫的坚持与信仰，更需要对对方及家庭甚至家族文化背景的理解与融合。

一次，一个同学跟我抱怨说："自从结婚后，老公的电话时间已经从一两小时锐减到不到一分钟。"

老公知道我害怕雷雨天，出差之后时不时地都会打来电话询问："家里有没有下雨？"

如果没有，他就说："那就早点睡，别看那些婆婆妈妈的电视连续剧。"

前前后后，通话时间不到一分钟。

恋爱时期，男女之间一般都喜欢煲"电话粥"，和这个比起来，几十秒的通话时间真是太短了。其实，这几十秒钟，就是老公对妻子的担心与挂念。

到最后，婚姻究竟能够留下什么？有平平安安的日子，有相扶相助的情感，有握着左手如自己的右手般的亲情，那是婚姻的大境界。

婚姻不只是嫁一个男人或娶一个女人那么简单，它有三重境界：

第一重境界：和一个自己所爱的人结婚。

第二重境界：和他／她的习惯及他的家庭背景结婚。

第三个境界：和他／她的理想与追求结婚。

处在第一境界的夫妻，婚姻通常都相对稳定。处在第二境界的夫妻，婚姻一般都比较稳定。处在第三境界的夫妻，很少见到有离婚的。

在这个世界上，那些能够白头偕老的人，一生基本上都要"结三次婚"。

第一次是在饭店里，在亲朋好友的恭喜和祝福中，与一个自己所爱的人"结婚"。

第二次是在家里，两人经过几年磨合，互与对方的习惯"结婚"。

第三次是在婚姻生活里，与对方的理想与追求"结婚"。

和第一次结婚比较起来，第二次和第三次结婚有很多的不同。这时候，既没有隆重的婚礼，也没有亲朋好友来祝贺，唯一在场的是双方的默契。可是，真正的婚姻，往往都在最后的两次。现在，很多年轻人结婚两三年就离婚了，为什么？因为他们没有把自己的婚姻从第一重推入到第二重境界。

众所周知，沸腾的水能杀灭细菌。热恋和沸水一样，也能杀灭当事人身上的缺点和不足。当你和心中的白马王子浸入婚姻这杯不温不火的水之后，缺点和不足就会像细菌一样重新回来。这时，你必须跨入婚姻的第二重境界，和他的习惯结婚，接纳和包容他的缺点和不足；否则，婚姻真会成为爱情的坟墓。

有些夫妻非常恩爱，从来都不会把离婚挂在嘴上。因为他们从心理上已经接受了对方性格中的不足，有的甚至还会把对方的这种不足当作是一种非常可爱的小缺点、小幸福。这时的婚姻是甜蜜的、温馨的，呈现出的最大特点是欣赏、宽容和互补。可是，婚姻的温馨并不能代表婚姻的稳固。要想得到稳固的婚姻，还要第三次升华——与对方的理想与追求。要把你的事业当成你们共同的事业来经营，一起风风雨雨，荣辱与共。

你的丈夫不仅属于你，还属于他的父母、朋友还有他的事业，婚姻一旦进入这种境界，也就进入了禅定的状态。在爱情的世界里，许多女人往往认为，婚姻就是嫁给一个男人，而忽略了还要嫁给男人自身的追求、习惯，以及男人身后的家族背景和文化。正是因为这种认识上的错误，才让我们在这个世界上，看到了更多的不美满婚姻。

参考文献

[1] 聂昱冰.白骨精养成记：我在职场的日子 [M].江苏：凤凰出版集团，江苏文艺出版社，2010.

[2] 心圆.自在美能量大：长得漂亮是优势，活得漂亮是本事 [M].杭州：雅阁文创有限公司，2013.

[3] 丛林编委会.魅力女人大全集 [M].吉林：吉林出版集团，2012.

[4] 李松，麦玉娇.好爱情就是要算计 [M].长沙：湖南文艺出版社，2012.

[5] 加措.一切都是最好的安排 [M].北京：中国友谊出版社，2014.

[6] 林欣屏.女孩不"坏"男人不爱 [M].江苏：凤凰出版社，2009.

[7] 安子.转角遇见幸福：活在当下的黄金法则 [M].北京：人民邮电出版社，2012.

[8] 田小米.有一种爱情低到尘埃 [M].武汉：武汉出版社，2012.

[9] 韩小恒.女人的战争 [M].内蒙古：内蒙古文化出版社，2009.

[10] 苏芩.20 岁跟对人 30 岁做对事（让女人一生好命的新女学）[M].北京：中信出版社，2009.

后　记

网上流传过这么一个段子：

在街上，在一起，拉手一天，那是友情；在街上，在一起，拉手一年，那是恋情；在街上，在一起，拉手五年，那是感情；在街上，在一起，拉手十年，那是亲情；在一起，三十年后还能一起在街上拉手散步，那才是爱情。所谓爱，就是当感觉、热情和浪漫统统消失之后，你仍然珍惜对方！

我特别喜欢讲故事，闭幕的时候，我想和大家分享一位母亲在她女儿婚宴上的讲话。我相信，读完下面的文字，您也会和我一样觉得这是一位相当智慧的母亲。

亲爱的各位亲戚、朋友：

大家好！

非常感谢大家在百忙之中，放弃休息的时间，前来参加我女儿的婚宴。作为母亲，看着自己心爱的女儿长大成人，有了自己的小家庭，我感到很幸福。在座的亲戚朋友很多都是看着我女儿长大的，所以首先我要感谢大家这么多年来对孩子的关心和帮助。

虽然今天是大喜的日子，但是作为母亲，我不想说什么"执子之手，与子偕老"之类的祝福话。我想对女儿、女婿叮嘱几句，说三句"不是"。

第一句，婚姻不是1+1=2，而是0.5+0.5=1。结婚后，你们两人都要去掉自己一半的个性，要有作出妥协和让步的心理准备，这样才能组成一个完美的家庭。现在的青年男女们，起初往往被对方的"锋芒"所吸引，但也会因为对方的"锋芒"而受伤。妈妈是过来人，想对你们说，要想让感情保持良久，就要收敛自己的"锋芒"，容忍对方的"锋芒"。

第二句，爱情不是亲密无间，应是宽容"有间"。每个人都有自己的交往圈子，夫妻双方有时模糊点、保留点，反而更有吸引力；给别人空间，也是给自己自由。请记住，婚姻不是占有，而是结合；所谓结合，就像联盟，首先要尊重对方。

第三句，家不是讲理的地方，更不是算账的地方，家是一个讲爱的地方。俗话说得好，男人是泥，女人是水，因此男女的结合不过是"和稀泥"。婚姻是两个人搭伙过日子，如果什么事都深究"法理"，只会让双方都感到疲惫。

好了，我就说这些。最后，妈妈还是衷心地祝愿你们婚姻美满，幸福甜蜜。也祝愿在座的各位亲朋好友家庭和睦、身体健康、万事如意！

作 者

2015 年 1 月